はるよの動物日記

長谷川治代・Haruyo

竹林館

はるよの動物日記

はじめに

この作品は、私の久しぶりのCD「永遠《とわ》のひと」を発表したことと、ラジオ日本の「北さんの唄北道中」という毎週金曜日放送の番組に出させていただいたことに始まります。

お相手をしてくださった北さんは、たいへん素晴らしい会話のプロで、私も北さんに助けられて一年以上の番組を終了することができました。その折、はるよさんは動物が好きで、本も出しているのなら唄のコーナーに〝はるよの動物日記〟というコーナーを入れましょう、ということで、五回目くらいからだと思いますが、〝はるよの動物日記〟が始まりました。

その録音がもとになってこの一冊の本ができあがりました。

年代もとびとびで、また長い間で忘れてしまうことも多く、読んでいただくのはいかがなものかとも考えましたが、動物好きの友人たちに背中を押され、出版する運びとなりました。

どうぞお暇な折、歌手Ｈａｒｕｙｏの人格にも触れてみてください。

この本の中には、たくさんの犬たちや猫たちが登場しますが、それぞれに個性があり、やんちゃだったり、優しかったり、気が強かったり、面倒見が良かったり、たいへん面白いものです。そして、それぞれのいのちと人生（？）を一生懸命生きていきます。この本の中の一匹でも読んでくださる方のお心に残ればたいへんうれしい限りです。

著者

目次

トイプードルのアイちゃん

ブルドッグのブーコちゃん

ムク犬のデムちゃん

シェパードのジョン

黒猫のタンゴ

ヨークシャテリアのミミちゃん

※本書は平成29年6月～平成30年9月に放送されたラジオ日本「動物日記」より収載。

はるよの「動物日記」

ラブちゃんのお婿さん

一話　トイプードルの「ボス」

はるよ　こんばんは。はるよです。

――　はい、はるよさんの「動物日記」のコーナーがやってまいりました。このコーナー、ラジオをお聞きの皆さん、歌の流れの中で、ぽっと、こういう、ちょっと変わった雰囲気のコーナーが入って、最初はきょとんとして聞いていらしたのですが、あれっ、これは面白いという反応が結構来ています。

はるよ　ありがとうございます。

――　きょうは、どんなお話を？

はるよ　トイプードルのラブちゃんのお婿さんという話です。

――　よろしく、どうぞ。

はるよ　猫のタンゴと犬のラブ。猫と犬の関係を超えて2匹の親子関係は、ますます深くなっていきました。で、ラブちゃんがタンゴのすることを真似るので本当に猫になってしまうのではないかと、私も心配しておりました。そんなある日、6ヶ月年下だけど、かわいいトイプードルのオスがいるので、ラブちゃんにどうでしょうという話がやってきたわけです。このままだと猫になっちゃうような気がしていたもので、まあ、6ヶ月年下でもお嫁さんとお婿さんという形で、かわいい赤ちゃんでも生まれればと思い家族に受け入れることにしたんですよ。

――　なるほど。

はるよ　で、小犬が来ました。まあ、なんとシャンプーもカットもしていない真っ黒い小熊みたいな小犬が来たもんですから、ラブちゃんは一目見て引いていました。――ラブちゃんは結構面食いなんです。

――　なるほど。

はるよ　タンゴがハンサムなもので、どうかなと思ってヒヤヒヤしてましたが、その子犬は着くなり餌をねだって、水をジャブジャブ、ドッグフードをバリバリと食べて、一息ついた途端に寝てしまいました。

――　あらら。

はるよ　着いたら早く連れてきてくださいと頼んでおいたので、多分、現地から送られたばかりで疲れ果てた犬を引っ張ってきてくれたんだと思います。

――　なるほどね。

はるよ　そのまま寝かしてやりましたが、その間、ラブちゃんは小犬の様子を見てはタンゴの後ろに隠れて、まるで汚いものを見るような目。自分はしっかり猫だと信じきっています。で、タンゴのほうも、また変なのが飛び込んできて、今度はチビスケの世話もしなくてはいけないのか、1匹にしておいてくれれば助かるのにとぼやいてるように見えました。

――　なるほど。

はるよ　それで、ラブに負けないようにと思って、その子犬の名前は「ボス」とつけました。ボス犬にはほど遠いようなイメージですけど、餌の食べっぷりもいいし、水の飲みっぷりもいいし、これはきっといいボス犬になれるという思いを込めて「ボスちゃん」と名付けたんです。後々、私の書く小説のボスの日記のテーマになってきます。

――なるほど。慌ただしくなってまいりましたね（笑）。

はるよ　ええ、毎日が大変な戦争で……。

2話 ラブとボス

――このコーナーでございますが、このコーナーを楽しみにしている方もふえてまいりました。先週は「ボス」という名前のトイプードルが新加入したというお話でしたね。

はるよ　そうなんです。ラブちゃんのお婿さんが来たんですけどね。

何しろ、ボスちゃんとラブちゃんの相性は相当悪いみたいで、ラブちゃんがボスの食事をしてる食器をひっくり返したりします。ラブちゃんに好かれるように早くカットへ連れていかなきゃとは思っているんですけど、本当に熊の子みたいで、どう見てもトイプードルじゃないんですよね。で、随分、ボスちゃんに対して悪さをするものですから、私の想像ですけれど多分2人の（2匹の）間に2人きりの会話があって、食事をしている最中にラブちゃんが悪口を言ったんだと思うんですけど……ボスが我慢できなくなって…。

―― ああ、なるほどね。

はるよ　ええ。いきなり、そのボスちゃんがラブの自慢の耳にかみつきまして……。

―― あらっ。

はるよ　それで、それに対抗してラブちゃんが、今度ボスの足に思いきりかみつきました。それでボスは随分長い間、少し足を引きずってましたけど。

―― あらら……。

はるよ　ラブちゃんのほうは耳を気にして、もう自分のすばらしい耳をかじられたというので、猫のタンゴに一生懸命言いつけてるんです。

――なるほど。

はるよ　タンゴが仲裁に入ってけんかはおさまったものの、ラブはますますボスを見下して、「私は猫で犬じゃないよ」という主張をはっきり出してくるようになって、猫のように歯をむいて大変だったんです（笑）。
ある夜、もうしょうがないと思って私のベッドでボスを寝かせましたら、その夜、ボスが喘息みたいにすごく咳込みまして、息もできないような状態になったもんですからすぐ病院に連れていきました。点滴をしてもらい、咳止めをしてもらって、何時間かたってから私が抱いて家《うち》に帰りました。帰るとタンゴは飛んで出てきてくれました。ボスは生まれつき気管支拡張という大変な病気なのですが、ラブも心配そうな顔をしてのぞいてはいました。本気かどうかはわからないですけどね。それで、二、三日したら大分よくなって、ボスちゃんはオス犬なのにラブちゃんに教わったらしく、しゃがんでおしっこをするようになったんです。動物同士の言葉があるのか、きずなか、何だかわからないんですけど。

――　おおー。

はるよ　オスなんですけどね、これ、多分タンゴに教わったか、ラブちゃんのを見て、僕もああしなきゃと思って始めたんだと思います。

――　へえ～。

はるよ　そういう、動物同士の会話は、私はよくわかりませんけど、ボスとの間に距離を置いてタンゴの腕の中で寝てるラブちゃんですが、まあよしとしましょう。

――　そうですよね。

はるよ　はい。

――　何か、おさまりそうな感じがしますけどね、雰囲気だと。

はるよ　でも、ラブちゃんは私は猫ですという意思をばっちり通してます。

3話 ラブとボス2

―― いよいよ、ラブとボスの話は佳境に入ってきているような感じがいたしますけども。

はるよ はい。何しろ数ヶ月たっても同じ状況で、タンゴちゃんは、もうラブちゃんの言うとおり、ラブちゃんを抱っこして寝ています。で、ボスはずっと私のベッドで、もう、どう言うんでしょうね。これはなかなかうまくいかないということで、ちょっとタンゴに相談しました。ボスは気管支拡張という病気で長く生きられないかもしれないので、子どもをつくっておいてあげたいと。

―― なるほどね。

はるよ それで、そう言ってるうちに、ラブちゃんに初潮が来ました。私も先生に相談して、どうしても1人ね、残しておいてあげたい気がすると。ボスのためにも、ラブちゃんが犬になるためにも必要じゃないかと。ボスは、まだ1年たたないのに、もうにおいに敏感で、クンクン、クンクン、お尻のあたりをかぎまわるんですけども、先生のほうが、「それじゃあ、うちのほうに10日間ぐらい預けてください。その間に相性がうまくいくようになれば赤ちゃんができますし」ということで、10日間、病院に預けることにしたわけなんです。

――おお、なるほど。

はるよ　で、預けて10日もしないうちに病院から電話がありまして、できましたよと。うまくいったと思いますと。で、二月《ふたつき》ぐらいで誕生すると思うので、一応お返ししますということで、さっそく迎えに行って連れて帰ってきました。

――はあ、はあ。

はるよ　そのときに玄関までタンゴが迎えに来たんですけど、もうラブちゃんは亭主のところか、お父さんのところへ帰るように、一目散にタンゴの腕の中へぱっと走っていって逃げまして、まあ、多少はおとなしくなったような気もしたんですけど、ボスのほうは何かちょっと威張ってるような感じでね。

――ハハハハハ。

はるよ　なんとなく男になったような顔をして帰ってきましてね。まあ、タンゴは一生懸命ラブちゃんを慰めてるような状況でございました。

――　なるほど。

はるよ　でも、その後も別居状況でボスちゃんは私のベッドで寝てました。タンゴは、2人の仲を取り持ちながら、警備猫として、訪ねてくる人をにらみつけては私に近づけないようにと私の世話をする。2ヶ月後に生まれてくる赤ちゃんを楽しみにして我慢をしてたんだと思います。

――　なるほど。もう世話人ですね。

はるよ　そうなんです、タンゴは。本当に世話人なんですよ。

――　へえ～。優しい。気遣いがあって、いろんなところに気を配って。

はるよ　タンゴも気を遣ってくれましたが、私もタンゴとボスの間では気を遣わされましたよ。

――　（笑）ああ、そうですか。いや、でも、全て何か丸くおさまったような雰囲気でございましたね。

4話 ボスの涙とタンゴの慰め

――きょうもお楽しみのコーナーがやってまいりました。タンゴちゃんとか、ボスとか、いろいろ名前が出てまいりますけれども、その動物同士の醸し出す、何かこう、感情のね、やりとりが何とも言えない感じがいたします。さあ、きょうはどんな話が出てくるのでしょうか。お願いします。

はるよ　「ボスの涙とタンゴの慰め」という題なんですけども、それから二ヶ月ぐらいたったクリスマスの日だったと覚えています。私のところにハヤシ女史というすばらしい女性がいまして、大変ラブをかわいがっておりました。日曜日にはラブちゃんを連れて銀座を散歩するのが大好きで、散歩の途中のお店にラブちゃん用の牛乳などを置かせているくらい溺愛をしておりまして、クリスマスなので、お友達に見せたいからということでラブちゃんを連れていきたいと言いました。私は、もう臨月だから、怖いから、今回はやめといたほうがいいんじゃないかと言ったんですけど、ラブのほうがやっぱり一緒に行きたがったんですね。大好きなお姉ちゃんなもんですから。タンゴもちょっと顔にしわを寄せて、やめたほうがいいんじゃないかなという顔をしてましたけどね。

――ああ、心配だったんですね。

はるよ　ええ。で、ボスは何かちょっと悲しそうな声でヒヒヒと鳴いてましたから、何か感じてたのかもわかりませんけども。そうしましたら、その日の夜中の12時ごろ、ハヤシ女史から電話がかかってきまして、「今、病院にいるんです」って。「どうしたの？」って聞くと、みんながクリスマスで騒いでいるとき、急にラブちゃんが破水しちゃって、それで苦しんでると。で、「病院に連れていって4匹産みましたけども……。」って言葉を濁してるんで、どういうことだろうと思って、私もすぐ飛んでいきました。

――はい。

はるよ　そうしましたら、やっぱり、まだ赤ちゃんを産んだ認識がないもんですから、初乳ももちろん出ない。で、それを飲めなかったので肺炎を起こしちゃって、

4匹とも全部死んでしまったんですね。

──　あらら……。なるほど。

はるよ　で、ラブちゃんのほうは、その後の後産が出ない云々で4、5日入院ということになりました。手術しますということだったんですけど、4匹を木箱に入れてもらって、カトレアの花に包まれて、赤ちゃんを連れて家に戻ってきました。

──　ああ……。

はるよ　タンゴも、ボスも飛んできました。で、ボスちゃんは、一生懸命、赤ちゃんをなめながら、手で赤ちゃんを動かしてるんですよ。

──　なるほどね。

はるよ　ええ。私もタンゴもちょっともらい泣きをしました。それで、その後、ボスが遠ぼえをしてきかないんですね。ラブに怒ってるんだと思うんですけどね。

──　なるほどね。ああ、かわいそう……。

はるよ　まあ、そんな悲しい思いがありまして、ずっとそれを私も引きずってまして……。

――　なるほど。そうですか……。ちょっと悲しいですね。
はるよ　ええ。悲しい最後で。ボスちゃんが鳴いてました。
――　人間と同じですね。

5話 🐾 ボスの涙とタンゴの慰め2

――　このコーナーは、いろんなワンちゃん、それからいろんな意味で動物同士のきずなといいますか、何か人間には……。
はるよ　私たちに見えない……。
――　何かあるんでしょうね。
はるよ　深いものがあるんですね。

――　やっぱり目を見ていると、目の表情、動きによって感情というのは伝わるわけでしょう？

はるよ　はい。ですから、もうその後、やっぱりラブちゃんが病院から帰ってきたときに、あの気の強い犬が何か悪そうに帰ってきたんですけどね、ボスがワンワン吠えましてね。吠えまくって、僕の子はどこへやったんだということで。

――　ああ、なるほど。

はるよ　それで、タンゴが、もうしょうがないんだよと。初乳が出なかったのは、初めての赤ちゃんだし、ワンちゃんのほうもね、お乳はもらえなかったけども、苦しまないで天国へ行ったんだから、ボス、諦めなということで、タンゴが説得したんだと思いますよ。

――　なるほどね。

はるよ　ええ。しばらく、やっぱり2日ぐらい、ボスはラブと顔を合わすと、吠えまくって追いかけまわしてましたね。

――　ああ、そうですか。

はるよ　ええ。見ていてかわいそうでしたね。それで、ラブちゃんもハヤシ女史に引き取ってほしいみたいで、彼女がラブちゃんをもらっていったんです。それで、タンゴちゃんは、またボスちゃんと、男同士ですけど2匹で親子みたいに暮らしはじめたんです。

――その暮らしに戻ってきたと。

はるよ　ええ、相手がかわっただけで、私が帰ってくると2匹で走って迎えに来るという状態になりました。

――ほう、なるほど。

はるよ　オスとメスだと、メスのほうは甘え上手。クルクル回ったりということはあるんですけども、男の子というのはそういうジェスチャーはないですから。ボスはタンゴの上に乗っかったり、結構、悪さはしてましたけども、猫のほうは1回も爪をかけないですね。やっぱり、かわいいと子どものように思うんですね。

――ああ、そうなんですか。へえ〜。

はるよ　利口な猫でしたから。で、このボスちゃんにおしっこスタイルを教えたのは、多分タンゴだと思うんですけども、タンゴかラブか。そのしゃがんだスタイル、代々いま飼ってる犬にまで10年続いてるんですよ。

――おお～。

はるよ　その次の犬が、タンゴちゃんの猫のお座りを今度はボスちゃんが、次に来たアイちゃんというトイプードルの子に教えまして、メスのくせに、ちょっとだけ足を上げてしゃがむと。

――あらら……。はあ～。

はるよ　教えた犬が亡くなったときに、ほかの犬にそれはちゃんと伝わっていってるので、代々うちはしゃがんでおしっこするスタイルなのです。

――伝統的なやり方？

はるよ　伝統的に（笑）。

――本能じゃなくて？

はるよ　犬同士が教え合っていくんですね。

――自然に教わるんですね。

はるよ　こういうもんだよというので。

――ああ、ワンちゃん、生まれた本来の本能ではなくて、そういうふうに教えられちゃうんですね。

はるよ　ええ。

――　なるほど。おもしろいな（笑）。

6話　犬磁石

――　はるよの「動物日記」のコーナーでございます。ラブちゃんとか、ボスとか、いましたけども、そのお互いの駆け引きというか、その関係が面白いですね。

はるよ　ええ。本当にこれは不思議なものだと思いますね。地震や何かであっても、私たちが気がつく前に、感じるようで……。

――　ピンと来る？

はるよ　ピンと来て、恐怖を感じるようですね。吠えまくったりしますから。いろんな意味で私たちよりも動物のほうが鋭い。

はるよ　そういう感覚が備わっているんでしょうね。

――　イルカなどが連絡を取り合うのと同じように、犬というのは連絡網があるらしくて。よく家出した犬っているじゃないですか。

はるよ　はいはい。

――　どこか遠いところへ捨ててくると、帰ってこられるのがおかしいんですよね。一応、知らないところへ捨ててくるんですから。

はるよ　そうそう、そうそう。

――　ところが、何か〝犬磁石〟みたいなのが体にあるらしくて、自分の好きな人のところには帰れるみたいですね。だから、どこに行っても、北も南も関係なく戻ってくるようですよ。

はるよ　わかるんだ？

――　ええ。必ず帰ってくると。これは不思議な現象だと思うんですね。

はるよ　そういう例って、いっぱいありますもんね。

――　ええ。だから、どこか1回行ってそれで戻ってくるというのなら、ちょっと磁石的なものがあるのかなと、記憶があるのかなと思ったんですけど、どっちの方角に捨ててきても、やっぱり〝犬磁石〟があって、好きな人のところに戻ってくるらしい。そういう意味では、人間より情があるのかもしれない（笑）。

――情というのか、何かこう、特殊能力といいますか、そういうもの、はかり知れないものがありますよね。

はるよ　ただ、見て見ぬふりだけはしてくれませんよね、人間と違って。

――そうそう、そうそう。

はるよ　もうストーカーになってきますからね（笑）。見て見ぬふりして、そっと出ようと思っても、やっぱり……。

――だめなの？

はるよ　やっぱり、だめなんですよ、そういう意味ではね。もう動物には、かなわないところがいっぱいありますね。

――そうですよね。動物でも、ワンちゃんとか、猫でも鳥でもそうですけど、団体でスーッと行ってるときに、いきなり方向を変えるじゃないですか。

はるよ　ええ。すごいですね。おもしろいですね、あれ、見ててもね。

――　全員が方向を変えたりするでしょう?

はるよ　ええ。

――　あれは不思議ですよね。

はるよ　あれは、やっぱりね、リーダーが一番最初、飛んでるでしょう。もうリーダーの言うことを全部聞かないと、大変な目に遭うかと（笑）。

――　そうなんですよね。

はるよ　もちろん、飛んでるときは緊張して飛んでるでしょうけどね（笑）。

――　そうですよね。

はるよ　何に襲われるか、わからないですからね。

――　そうですよね。あの流れというのもすごいなと思います。でも、ワンちゃんとか、猫ちゃんでも、人間にはかり知れないいろんな能力を持ってるということですね。

はるよ　愛情……、やっぱり自分を捨てて……という愛情は持ちますもんね。そういう意味では、人間も反省しないといけないところが……（笑）。

――　ありますよね。今、いろいろ問題になってますからね。

はるよ　ねえ、本当に。命がけで守ってやらないと。

――　そう。殺処分の数が多過ぎて、今、話題になってますけども。人間ですね、問題は。

はるよ　いや、そこまで言っちゃうと……（笑）。

――　結論はそこにあるような気がしますけども、ねえ。

ドーベルマンのベルちゃんとリンちゃん

一話 出会い

――　さあ、はるよの「動物日記」のコーナーでございます。

はるよ　今までいっぱい動物は飼ってきたんですけど、その中で一番印象に残ったドーベルマンのリンちゃんのお話をしたいと思います。

――　我々が見たらちょっとこわもてですけども。

はるよ　ええ。でもやっぱりかわいいですよ。

――　なるほどね。はい、お願いしましょう。

はるよ　5年前ぐらいから飼っていたドーベルマンのオスは、チャンピオンの孫で、とっても格好よくて、雑誌にも出るようなすてきな姿をしていました。その犬の名前はベルちゃんといって、ドイツのドーベルマンのスタンダード犬で、結構大きくて本当に格好よかったんですけど、生まれつきのアレルギーで、生後45日でうちへ来てから病院とうちとを行ったり来たり、行ったり来たりの生活なんですね。

――　あらま、かわいそうに。

はるよ　また、その病院長さんの先生がベルちゃんをめちゃめちゃかわいがりましたので、もう自分で診察台に上るようになりまして、私なんかよりもその先生のほうが好きだと。

そのベルちゃんも、もう5歳ぐらいになりましたので、アレルギーがひどいのですが、1匹くらい子どもをつくっておきたいということで、頼んでおいたところからまだ生後45日目くらいのお嫁さんが来たわけなんです。そのお嫁さんが、ちょっと背が低いというんですか、足が短めで、胴が長めで、尻尾は一番最初に切られて来たんですけど、耳はまだカットしてなくて、同じドーベルマンなので、一方がベルだからリンという名前をつけました。で、両方でベルリン。

——ベルリンね、なるほど。

はるよ　とってもかわいいしぐさでじゃれるんですけども、このオスのベルちゃんは面食いなんですね。それで、どうもリンちゃんを避けるんです。リンのほうは一生懸命まとわりついて、遊んでもらいたいんですけど。それで、リンはちょっとおてんばなんで、早目に訓練所に預けてちゃんと教育したほうがいいと思い病院の先生に相談しましたら、それじゃ、ベルちゃんも一緒に——ベルちゃんは、教育にもう何回も入ってますけども、訓練所を紹介しますから訓練所のほうにということで、訓練に早目に出すことになったんです。普通、大体2ヶ月半くらいで出すんですが、じゃ早目にということで、2人一緒に出すことになったんです。ところが、車に乗っけるときに鳴かれちゃいましてね。

——まあまあ、かわいそうに。

はるよ　とてもじゃないけども、乗りたくないと。ママのところにいたいと言うので、無理やり私が運転席のほうから「リンちゃん、リンちゃん」て呼んで、それで飛び越えさせて、ようやく2人を送り出しました。

――へえ、そうですか。その続きはあるんですよね。

はるよ　もう本当に、かわいい印象のある犬でしたけど、ドーベルマンとしてはちょっと格好は悪かったかもしれません（笑）。

2話 🐾 訓練所

――ドーベルマンのベルちゃんとリンちゃんのお話ですね。

はるよ　ベルとリンが、訓練所へ行きましてからのことなんです。一応、半年、短いときは、ショートは3ヶ月なんですけど――半年あると十分仲よくなれるということで、半年単位ということで預けました。2ヶ月ぐらいたって、リンちゃんのほうが女の子になったんで、どうだろうかと言ったら、全然相性が悪くてどうにもならないということで、「すみません、1年は預けてほしい、まだリンちゃんが幼いんで」ということでしたので、これも病院の先生の紹介なので安心して預けていたわけなんです。

ところが、1年ちょっとたっても、「もう少し」、「あと3ヶ月」みたいな話しをしてきたんで、うちのほうも、そのころにタンゴちゃんが来たりなんかしてましたんで紛れてはいたんですけど、何だかんだいって月日は1年半近く預けたことになったんです。

そして、1年半くらいたったとき、紹介してくれた病院の先生から、ベルちゃんが体温がなくてもう死にそうだと、近所の群馬の訓練所の病院から電話が入ってきたと連絡がありました。慌ててすぐ、じゃあ私の病院へ戻してくださいと、その先生に連れてきていただくようにお願いして、病院から搬送されてきたのですが、もうそのときは本当に仮死状態でした。

後でいろいろ細かいことを聞きましたら、そこは奥さんと旦那さんとで経営していたとてもすばらしい訓練所だったんですが、1年ぐらい前に夫婦別れして、奥さんがいなくなっちゃってから旦那さんがやけ酒飲んだり何かいろいろで、犬の面倒をあんまりみていなかったらしいです。それで、ベルのほうはずっと入院ということになりましたが、リンのほうはどうなったんですかとお聞きしましたら、リンは大丈夫とおっしゃったけど、心配でならないので、すぐにまた病院に引き取りました。一応、元気は元気だったんですけど、案の定1年ちょっとたってるのに痩せこけちゃってて、膝とか肩とかのところにいっぱい傷がありました。狭いところに入れられていたからグルグル回っていたらしくて、回り癖がついていて、クルクル、クルクル回るんですよ。これは、少し時間がたたないと戻らないということでしたが、1ケ月ぐらいで何とか元に戻ってきました。

――よかった、よかった。

はるよ　ベルちゃんは、まだ当分入院ということで。

――うわあ、心配ですね。

はるよ　訓練といってもこういうこともあるんだなと思って、大変ショックを受けましたね。

3話 赤ちゃん誕生

――　ベルちゃんとリンちゃんのお話で、ずっと来てますけどもね。

はるよ　入院しまして、それでリンちゃんは帰ってきたんですけど、ベルが帰ってきたのはそれから3ヶ月くらいたってからです。相当、先生も苦労して生き返らせてくれたと思います。格好だけはいいんですけども、もともとアレルギーのある犬ですから。ベルが帰ってきましたら、リンちゃんは本当に喜んでね、もう本当に尻尾をちぎれんばかりに振って。

――　ああ、そうですか。うわぁ、よかった。

はるよ　それで、帰ってきてから1つの部屋に入れたのですが、前のように離ればなれじゃなくて時々そばに行って、ベルちゃんがリンちゃんの鼻をなめたりとか、幾らか仲よくなってきてましたね。多分、2匹、遠い訓練所で怖い思いをしたり悲しい思いをしたり、そういう気持ちを共有したんだと思うんですね。

――　そうですよね。

はるよ　食べ物も、お互いに譲り合って食べたり、そんなところが見えるようになってきたのです。前は絶対、ベルちゃんが強かったんですけど、リンが食べてもあまりうならなくなりました。そのうちに、またリンちゃんが女の子になりましたので、先生のご指示どおり、スタッフ４人がかりでどうにか赤ちゃんをつくるような努力をしまして、で、成功したわけなんですよ。

その後、リンちゃんは別の部屋に移すようにということだったので、別の部屋に移しておいたんですけど、今度はベルちゃんのほうがハッスルしましてね。もう３日間くらいワンワンと、リンをこっち

よこせということがあったんです。でも、ちょうど2ヶ月目に5匹のかわいい赤ちゃんが生まれました。

――ああ、そうですか、よかった。

はるよ　最初の子どもは800グラムで、一番最後に出てきたのは400グラム。最初は最後の倍の大きさなんですね。5匹。その一番ちっちゃいのがベルちゃんとそっくりな顔をしてましてね。コピーみたいで特別可愛かったです。リンちゃんはとてもいいお母さんをして、よくおっぱいを飲ませてました。リンちゃんが飲ませてて、ベルちゃんのほうはね、やっぱり子犬を踏まないように気遣っているんです。

――なるほど、気を遣ってるんだ、やっぱり。

はるよ　気を遣って、本当に2匹で子育てをしてました。ただ、やっぱり手放さなきゃならない時期がありますので、大体4匹は手放して、1匹だけ残して、仲よく3人で暮らしてる状況だったんです。

――なるほど、よかったですね。

はるよ　もう本当に、こんなに仲よくなるのかと思うくらい。メスが餌を食べ終わるまでオスは食べないんですよ。

――そうですか。すごい波乱万丈の物語ですね。

はるよ　リンちゃんはとっても悲しい思いしたんですけど、強い子なんですね。

4話　ベルとの別れ

――ドーベルマンのベルちゃんとリンちゃんにお子さんが誕生したという話でしたね。

はるよ　1匹だけ残りまして、その残った1匹がベルちゃんにそっくりな400グラムの赤ちゃんだったのですが、生後45日過ぎてもまだちっちゃ目だったんです。それで、そのころベルちゃんがかわいがってもらった先生から、ベルちゃんは体力が弱いから去勢したほうがいいんじゃないかというお話がありました。ベルちゃんはアレルギーがひどいということで、生まれて半年くらいから時々ステロイドを使ってたこともあったんですね。それで、ベルを去勢にということで病院に出したんですけど、それっきりベルちゃんは帰らないわんちゃんになっちゃったのです。というのは、そのとき、もう全身にがんがまわってた。

――まあ、そこまで。うわぁ。

はるよ　ええ。それでベル本人にしてみれば、苦しい時いつもリンちゃんが吠えて、多分さわいで助けてもらったんだと思うのです、訓練所で。ですから、それの恩返しじゃないんですけど、子どもを残して死んでしまったということになっちゃったんです。

――うわぁ、そうですか。

はるよ　私も、自慢してた犬なもので、大変ショックを受けてたんですけど、ちょうどそのころ、知り合いの方がリンちゃんと赤ちゃんを親子で欲しいと言って

こられました。お寺のお坊さんなんですけど、犬が好きで好きで親子で欲しいということでした。3匹、4匹といなくなるたびに、リンちゃん、かなしそうな顔してましたんで、親子でもらってくれるっていうんならということで、私がちょうどガンの手術したりしてたこともあり、じゃあ、そこへもらってもらいましょうということになりました。犬小屋も全部つくってあげて、それも群馬だったんですけども、もらっていただくことになったんです。私もちょっと病院生活が長かったんですけど、仲よくやってると思ってました。ところが、しばらくしたらご子息から電話があって、父が実は亡くなりまして今は僕が見てますというお電話をいただきました。それじゃ、ご迷惑かけちゃいけないからということで、野菜や何かをお送りしてたんですけど、それからちょっとして、2ヶ月くらいたってからと思うんですけど、また電話がかかってきて、リンちゃんが立てなくなりましたということでした。じゃ、すみませんけど送ってきてくださいということで、リンちゃんを病院のほうに送ってきてもらったんです。

――また。

はるよ　ええ。で、また病院へ入っちゃったというわけです。

―― うわあ、大変だね、この物語は。

はるよ　リンちゃんはかわいそうでした。

―― そうですか、気の毒な。何か、犬の人生じゃないですけども、大変な人生を送ってるなと思いますよね。

5話　リンちゃんの手術

―― ドーベルマンのベルちゃんとリンちゃんの物語ですが……。

はるよ　私は、リンちゃんが帰ってくるのを病院でずっと待ってました。2時間半くらいかかったと思うんですけども、先生がご指示して、戸板の上に乗っかってリンちゃんが帰ってきたんですけど、本当に私の顔を見てワンと鳴いたきり、もう意識を失ってしまいました。それから、ずっと病院にお世話になって、ようやくつり具みたいなもので胴体をつって、まともな形にさせたんですが、次に胃捻転というのを起こしました。これがまた大手術でした。胃がひっくり返っちゃうんですが、それで大きな手術をしまして、その後2ヶ月くらいして、ようやくリンちゃんはうちへ帰ってきたんです。

ちょうど、私も退院して病院から帰ったばかりで、リンちゃんも立てない、私もよたよたという状態だったんですね。リンちゃんがほとんど立てないもので私のベッドの横にサークルをつくったのですが、胃捻転の後ですからおなかが鳴るんですよ。おなかがグーっと鳴ると、そのおなかの音がすごいんで、ワンワン、ワンワンって、怖くて吠えるし（笑）。

――大変ですね。

はるよ　それで、毛がわりじゃないのに、毛がみんな栄養失調みたいな状況で飛んじゃってるので、私も一日中マスクをかけて、イチゴとかリンゴとか、そういうぜいたくなものは好きなものですから食べさせてました（笑）。それを食べさせて、頬ずりをして、一生懸命看病してましたら、少しずつ、本当に、前足で立ち上がろうというふうな形になってきました。前足で立って、後足はよたよたなんですけども、本当に2ヶ月くらいのうちに、2、3歩、歩けるようになってきたんです。

そうすると、胸のほうにも傷があるので、今度はそちらが気になりだしました。病院のほうでも、「もう一回見せてください。よく命をとりとめましたね」って先生に褒められたんですけど、本当にこの子は災難続きの子だったですね。

――すごいなあ。

はるよ　やっぱり、生命力のある子でしたね。

――そうですよね。人間だって大変なことなんだけど、動物は何もしゃべらないし、自分で何もできない。面倒みるしかないですものね。

はるよ　やっぱり根性のある犬でしたね（笑）。

――はるよさんもそうですけども。

はるよ　いやいや（笑）。

――大したもんですね。

はるよ　リンちゃんは、年齢でいくと大体もう7歳ぐらいになってますから、大型犬はそれくらいの寿命でもおかしくないんですけど、この子は大変運勢の強い子で、その後ようやく歩くようになりました。リンは生まれて45日目に来てから、私のところですぐに訓練に出され、甘えられなかった。次に訓練所で嫌な思いして、生き残ったら今度は坊やにね、ちょっと……、やっぱり腰を痛めさせられて、悲しい思いばっかりしてきたんで、とっても甘えん坊になってきましたね。

――　逆にね。

はるよ　私がお手洗いに立っても怒るし。

――　あ、だめだって。

はるよ　自分が歩けないもんですから、目でストーカーみたいにずっと追って。

――　そうかそうか、そばにいろっていうことでね。

はるよ　周りにいる人間が、うちの隊員（私の会社は警備会社ですので）さんたちも手伝って、おなかの前足よりのところと後足よりのところに幅の広いタオルを使って身体をもちあげて、歩く訓練をしましたら、少しずつ歩けるようになりましたが、ちょうど胸のところにぶら下がったこぶみたいのができちゃってたんですね、病気の間に。先生が、このこぶは、先々もし元気になったら取ったほうがいいんじゃないかと。これがまた、リンちゃんの後の大きな障害にもなっていくんですけども。

――そうなんですか。

はるよ　その後は、だんだん食べるようになってきて、私も自分のお風呂場の風呂を取ってもらい細いすのこをつくってもらって、リンちゃんのお風呂場にしました。自分はシャワーだけにして。リンちゃんは洗ってもらうと、とってもいい気持ちで喜ぶんですよ。だから、寝返り打たせたり、4、5人がかりでかわいがってきましたので、だんだん本人も明るさを取り戻して、前のようなリンちゃんに。

――だんだん気持ちがほぐれてきたんですね、精神的にね。

はるよ　暗さがなくなってきまして、もう回ることもなくなりましたし。

――安心するとリラックスして、もとに戻ってくるということなのか。

はるよ　食べるものはみんなから、それよこせ、これよこせって、取ってましたね（笑）。

――そのぐらいやってきても、いろんな苦労してきた人です――いや人じゃない、わんちゃんですからね。

6話 リンちゃんの手術2

はるよ　うちへ帰ってきてからのリンは、腰はまだ最後まで完全には立てなかったんですけど、少しずつ体力も戻ってきまして、自力で1歩、2歩と前足だけで踏ん張って歩けるようになってきたんですね。昔のやんちゃぶりがやっぱり出てきまして、本当に明るい幸せな時間が1年以上続きました。

みんなも、世話をするのを請け負ってくれて、元気になるように、腰を持ってやったり、いろんな食べ物を与えたり、本当に女王様みたいな生活をしてました。ただ、やっぱり胸にぶら下がっているこぶが気になって、ちょっとこすれたりもするもんですから、先生は、こぶだけは手術しないと、ここから菌が入ったら困るから、なるべく手術をしたほうがいいということを言われたんです。ですが、生まれてすぐ尻尾を切られて、今度、耳は切らないまでも声帯も取って、訓練所の試練とか、子どもを産んでから愛するベルちゃんとの別れがあったり、自分の、男の子のトラブルがあったりしまして、ようやく我が家で幸福な日々を送っているので、今度、わが社の隊員（職員）たちがみんなで会議をしました。リンちゃんを入院させるかどうするかと。で、東北育ちの隊長さんが、「もうさんざん手術してきて酷だからやめてくれ。こぶなんかあったっていいじゃねえか。もう9歳なんだから、人間にしたら70歳近いんだから切ることねえじゃねえか」って言うのです。その人は下の世話から何から、シャンプーのときとか、本当に子どもみたいに「いい子だ、いい子だ」ってかわいがってたものですから、菌が入ったら大変だからということで、彼を説得して手術までもっていくの、大変だったんですよ。でも、一回助けてもらったわけですから、もう一回だけつらい思いをして治れば、ちゃんとうつ伏せにできるからということで、家族会議をしまして手術をすることに、入院することになったんですね。

はるよ　なるほどね、そうですか。大変でしたね。

——　ええ。だけど、やっぱり行きたくなかったんでしょうね。

はるよ　何かそんな雰囲気がありましたか？

——　やはり抵抗はありましたね。

7話　ママの決断

はるよ　さて、きょうはどんなお話でしょうか。みなさん、楽しみにしておられます。

——　リンちゃんですが、みんなで面倒をみて、会議をして手術することになったんですが、いつ帰ってくるんだ、いつどうなるんだって、私はみんなに責められていました。けれど、みんなで決めたことだし先生を信じましょう、信じて待ちましょうということになってひたすら待っていました。
ただ、9月になって、10月になって、11月。3ヶ月たってもリンは帰ってこなかったんです。私も、あんまり何回も連絡とるのもと思って我慢していましたが心配でたまらなかったです。

――そうですよね。

はるよ　とてもすばらしい先生だから、信じて待つしかないと。それなりに最善を尽くしてくれてるんだからという思いで待ってたんですけど。
その年の暮れの12月28日、差し迫ったころに先生から電話が入りまして、「まあまあ心静かに聞いてください」と諭すような優しい声で、「みんなでベストを尽くしたんですけども、リンちゃんの傷口が何回手術してもくっつかない、ふさがらない。このままじゃ骨まで行っちゃう可能性があるんで、ママの誕生日（私、1月1日生まれなもんですから）の前に、29日か30日にリンちゃんを天国へ送ってあげませんか。リンちゃんもスタッフも頑張ってきたんだけども、リンちゃん自身も幸せだったと思いますよ」と。

――なるほど。

はるよ　ドーベルマンて胸骨が出てるんで、それをやられちゃうと本当にどうにもならなくなるんですね。菌が入ったりすると、もっとつらい思いをするので「ママの決断をしてください」と。私も、そう言われても……。

——いやあ、つらいねえ。

はるよ　先生の声は神様のような声にも聞こえたんですけど、でも、私は、リンが戸板で運ばれてきたときに、一声吠えて気を失ったという以前のことがあったもんですから、リンはまだ生きたがってるんじゃないかと、みんなと会いたがってると思いまして、先生に、「すみません、年越しだけはみんなでしたいのですが」と言って帰してくれるようにお願いをしたんです。リンが帰ってくるまでといって、お正月なのに田舎にも帰らない人もいましたのでね。

——あらあ、そうですか。そうでしょうね、やっぱりリンちゃんもいろんな波を乗り越えてきたわけだから。人間として考えてみればいろいろありますよね。

はるよ　そうなんですよ。まだ生きたいし、幾ら70歳と言われてもね……。

8話 愛情のきずな

―― リンちゃんが、いろんな大手術を受けながら耐えて頑張ってるわけでございますけどもね。

はるよ　12月30日、ようやくリンが先生に付き添われて帰ってきたんですけども、先生が、もし苦しいような状況であれば、いつでも連絡してくださいと、苦しまないように私がお伺いしますからということで、先生、お帰りになったんです。わあっと数人、田舎にも帰らないで待っていた人たちも集まって、胸がどんなになってるか見ようということで、見たら、まあ傷、本当に骨まで見えそうなくらい胸がべろんとなっていました。

―― うわあ、出てんだ。

はるよ　結局、何回やってもくっつかなかったんですね。でも、リンは本当に、にこにこした顔。目が笑ってて、みんなの顔をなめまくりましてね。ほら、やっぱりリンはまだ生きたいんだべって（笑）。

—— なるほど、なるほど。

はるよ　だから、みんなで生かさなきゃだめだと。

—— そうそう。

はるよ　ということで、数人で、すぐにダブルの毛布をぐるっと、タイヤみたいにしまして、輪をガムテープで絡めて体に当たらないようにして。何しろ、おなかを出すのは、犬というのは嫌なものなんですけど、リンちゃんは助けてもらえると思ったんでしょう。その輪の中に入ってくれて。みんなで耳の後ろをこすってやったり、食べたいもの——焼き魚をあげたり、お正月用にとっておいたものを食べさせたりすると、太い首をくねらせて、卵焼きとか、かまぼこをムシャムシャ食べていました。うつ伏せにならないように——夜勤なれしてますので、みんなかわりばんこに夜勤をして、寝返りで傷にさわらないようにしようということで、包帯はしてきてたんですけど、また、そっとガーゼをしまして、みんなが助けると、頑張ろうということで、正月3日までかわりばんこに寝ずの番をして、ひっくり返さないように注意していると、リンちゃんも言うことを聞いて2日くらいまでそういう状況で頑張ってました。

―― なるほど。うわぁ、戦いですねえ。

はるよ 戦いですよ、もう。でも、やっぱりわかるんですね。

―― 気持ちわかりますよね。通じますよね。

はるよ それから、年末帰らないで夜勤をして見てくれた人たちに、どうにかしてくださいよと言われて、考えて考えて、私自身が、以前にステロイド系のお化粧を使ったりしてひどい状況になったことを思い出しました。

―― ああ、そうなんですか。

はるよ それを治してくださった皮膚科の大変偉い先生がおられまして、その先生に頼むしかないと。その方は人間の先生で犬の先生じゃないんですけど。お正月3日一番に、私、「ちょっとやけどがひどくて、痛みもひどいから診てほしい」という電話をかけたんですよ。向こうの先生は、私がやけどしたと思いまして「それは大変だ」と。横浜の先生なんですけどね、朝8時一番に病院のほうに来るようにということで病院へ行きました。犬の写真は、いっぱい撮って持っていきまして、「先生、ごめんなさい。だましちゃって、実は、このドーベルマンが、どうにもならないもんでしょうか」と言いましたら、「ああ、新年早々、ママにだまされたわけか」と言われましてね。ただ、これは床擦れですよと。要するに、そういう状況なので、この塗り薬を傷の周りに塗ってください。傷の赤いところには塗らないで、とのこと。そうすると、徐々に徐々に皮膚が出てきますと。ただし、その傷のところにはなるべく触れないようにしてほしいという指示をもらいました。そうすりゃ3ヶ月もすりゃ治るよ、って。皮膚が出てきて、だんだん、だんだん傷が小さくなっていくからねと。

その薬をもらって、一目散にうちに帰りました。もう、うれしくてうれしくて、これで必ず治ると。

帰りましたら、みんなで食べてる大きなテーブルの上に、またその輪を置きまして、それでリンちゃんを乗っけまして、消毒をシュッとし、その後にその薬を塗って包帯をしました。ガーゼは5メーターガーゼを3枚ぐらい重ねておいて、あとは、たすきがけですよね。

――そりゃ、そうですよね。

はるよ　もう、どうやったらうまくできるかというようなことで、そういう治療をしまして、徐々に徐々に、傷がちっちゃくなってきたんです。

――うわぁ、そうなんですか。うわぁ、すごい。

はるよ　信じられないぐらい。

――へえ、すごい助け船ですね、それは。

はるよ　もう、本当にうれしかったですね。

――そうですよね、うれしいですね。だんだん光が差してまいりましたですね。

9話 回復

――リンちゃんのお話ですが、床擦れだというふうに先生がおっしゃって、塗り薬をもらわれて塗ってあげて治療したら、だんだんよくなっていったのですね。

はるよ　うちの犬好きたちは、帰ってくると、菌がうつったらいけないというので、シャワーを浴びて、それで一目散に3人がかりじゃないと台の上に乗っけられませんのでね、3人、4人で乗っけて、私が消毒をして、それで、またその薬を塗って、の繰り返しでした。すると、本当に徐々に徐々に徐々に、その傷が小さくなっていって……。

——要するに、ふさがっていったわけですね。

はるよ　結局、傷のところから皮膚が生えてくるって感じなんですね。

——そうそうそう。

はるよ　そして、3ヶ月で本当に信じられないくらいきれいに治りました。

——おさまったんだ。

はるよ　私はね、こういうことが起きるのだなと、本当にびっくりしました。その間、横になることがあんまりできなかったんですけど、きれいになってきたんで、うつ伏せにもなれるようになりました。それでもう、そのころからリンちゃんが私に自分が動けないんで目で話をするようになってきましてね。おしっこがしたいとか。

――　あ、目でね。

はるよ　それから、大きいほうがしたいと。

――　ああ、言うわけだ。

はるよ　それから水が飲みたいというのを、やっぱり合図をするようになって、コミュニケーションが大変とりやすくなってきたんです。それで、もう治ってきたんですけど、私は、もう先生のほうには申しわけないんですけども、それっきり連絡をとらなかったんです。もう、死んだとも、生きたとも。

――　ああ、言わなくてね。

はるよ　言わなくて。まあ、幸いということは、ほかにまだ猫も犬もいたんで、病気もしなかったもんですから。

3年間は本当に、リンちゃんは前足で頑張って歩きまして、後ろもよたよたくらいで、5、6歩は歩けるようになりまして。

――　なったんですか。

はるよ　毎週決まった日にみんながお風呂に入れてくれて、シャンプーしてくれてました。生きるということを、リン自身は本当に感じたでしょうね。このときには、もう人間でいえば100歳近いでしょうからね。

――そうですよね。

はるよ　3年たつと、もう12歳ぐらい。大型犬はそんなには生きられないんです。

――そうですよね。

はるよ　その間に、息子とか、みんな死んでいっちゃったんですけどね。ですけど、本人はまだ生きてまして、本当に幸せな状況でした。

そのころ、うちの猫のタンゴちゃんがトイプードルのボスちゃんとけんかばかりするようになったので、私の部屋に大きいハウスをつくって、リンはタンゴと同居するようになりました。結構仲よく……。ちょっとおどかしたりもしますけどね。

――アハハハ、そうやってるんですか。

はるよ　タンゴは、相手が歩けないの知ってますからね。

――なるほどね、そうかそうか。

はるよ　そばに行っては水をちゃちゃちゃと飲んだりね（笑）。そうやって仲よくやってました。

——　スタジオの中に、リンちゃんの写真がありますけども、やっぱり、さすがドーベルマンというのは、顔つきはしっかりしてますね。

はるよ　耳は切ってないからね。

——　なるほどね。

10話　リンとタンゴ

——　きょうはどんなお話をお聞きしましょうか。

はるよ　きょうはね、タンゴのちょっとしたいたずらということで……。

——　あらら、まあまあ、はい。いきましょうか。

はるよ　はい。あれからリンちゃんも元気で、ほんとに楽しい毎日を送ってたんですが、タンゴちゃんがボスちゃんとちょっとけんかをするもんですから危ないので、タンゴちゃんに、リンちゃんの住まいの少し離れたところに3階建てのちょっとかっこいいハウスを買ってやりました。で、本人は3階まで上ったりおりたりして、リンをからかいながら遊んでいました。ただ、ハウスが注文ではないのでタンゴ用のトイレがハウスの中に入らないんです。ハウスは開けっ放しだとタンゴがリンをいじめては困るので、いつも閉めているものですから、トイレに行きたくなるとニャーニャーとうるさく鳴いて開けるとトイレで用を足してまた自分でハウスに戻っていきます。本当に利口な猫でした。

――はあ。

はるよ　リンとはちょうど見えない死角になるようにして、お互いに気配と鳴き声でコミュニケーションをとらせていました。

――なるほど。

はるよ　そのうち、タンゴが変な鳴き声を出すようになりまして、ギャア、ギャアというものですから行ってみると、臭いと言ってるんです。リンちゃんが大きいのをしちゃったんで早く取ってくれと。取ってやると、リンちゃんのほうはもう年ですから、ちゃんとお尻も拭いてあげて毛布をかけて温《あった》めてあげると喜んで、また寝てしまうんですけど、そのたんびにタンゴちゃんは、今度はまた違う鳴き声でニャニャニャ、ニャニャニャと鳴くのです。何だと思うと、今度はずうっとリンのほう見てまして、今度はおしっこだと。

――あららら。

はるよ　で、うるさく、自分のおしっこ以外にリンちゃんのおしっこも大きいのも教えるようになっちゃいまして。

――なるほど、すごい、すばらしいな。

はるよ　リンの方もタンゴにあんまりうるさくされると、ワンワンと言って言い返すものですから、私の仕事場をリンの部屋に移し、電話も全て2匹のいる部屋に移しました。まあ夜は睡眠とれないんで、私は自分の部屋に帰って寝るようにしてたんですけども、昼間タンゴの部屋をあけておくと、玄関の戸があいたりすると、勢いよく鳴きます。リンを守るつもりなんでしょうね。

――ハハハハ、なるほど。

はるよ　タンゴが玄関に走って行っては威嚇するもんですから、それも困ったもんだと思っていたんですけど、それからしばらくたちまして、ある夜、リンの鳴き声で目が覚めました。どっか痛いのかと思って見ると、私の顔を見て訴えるような、カサカサした声で吠えるんです。

――なんでしょうね。

はるよ　で、タンゴはどうしてるかなと思って見ると、またいたずらをしまして、リンの水を飲みに行って机の上の受話器をひっくり返し、知らんぷりで寝たふりしてるんです。こういういたずらをタンゴがするようになりましたね。夜はハウスは開けておきましたからね。

――なるほど、そうですか。

はるよ　まあ、でも2匹仲よくやってましたよ、はい。

11話 リンが心配

はるよ　リンとタンゴ、幸福な2人の関係で月日は流れまして、ちょうど平成20年の4月の29日だと思いますけども、夕方からリンちゃんのおしっこが出なくなりました。

――あ、リンちゃんが……。

はるよ　ええ。前から散歩のお兄ちゃんに紹介されていた近所のお医者さんがありましたので、その医院に電話しましたら、先生がすぐ来てくれました。リンちゃんを見るなり「この犬は何歳ですか」と聞かれましたので「たしか、もう16歳です」と言いますと、「16歳ですか。10歳過ぎてこんな毛並みのいいドーベルマンは初めてですよ」と。

――ああ、なるほど。

はるよ　リンはしきりに抵抗して、注射打たれまいとしてるんですけどね、「多分これは膀胱炎でしょうね」と言って、いきなりちょっと首をつかまえてぴっと押しまして、「でもすごいですね、この歳まで生きられるなんて」と言って、今度タンゴのほうに目を移しました。「この猫は何歳ですか」と聞かれ、「爪もひっこんでないし、耳も割れてるし、15歳過ぎてますね」って言うんで、「いえ、これは25歳です」と言ったら、「ちょっとこの家《うち》の犬も猫も死ぬのを忘れてますね」と。

ハッハハハ、なるほど。

「これは白髪でもちゃんと毛が生えてるというのがおかしいですね」なんて言われて。ドーベルマンが小さく見えるような大きなお医者さんで、体を揺さぶりながらリンちゃんに注射をして、「大丈夫ですよ、おしっこ出ますよ」ってお帰りになったんですよ。翌日にはおしっこが出るだろうと、私も1日仕事をちょっとずらしまして、リンの状況を見守っていました。

それで翌日の夕方も頼んでおきましたんで、先生がまた来てくれまして、そのときには、ほかの偉い獣医師の先生と2人でお見えになったんですね。何か2人でいろいろと話をされてましまして、「すいません、ステロイド打っていいですか」っていうことなので、前にステロイドの問題があったんですけど、

――はるよ

おしっこを出してあげたいという一心で、「どうぞ打ってください」とお答えしました。で、1時間ぐらい過ぎると、リンちゃんはちょっと元気になってきて、シュークリームとか、出し巻き卵を3人前ぐらいとか、ぱくぱく食べました。それで8時ごろ、ほんとに落ちついたようでしたから、私も3日ばかり寝ていないので、きょうは安心して寝ましょうと休みました。タンゴも心配して静かに見守ってましたよ。

――はるよ

よかったですねえ。やっぱりお医者さんってすばらしいですね。

リンちゃんが眠りについてくれたんで、私もうとうとと眠りにつきました。11時過ぎだと思います。すると、リンが吠えてるんですよ。しきりに私を呼んでいて私もあんまりうるさいので、近所迷惑になると思い私のベッドの上のマットだけ引きずって、かけ布団を持ってリンの隣に陣取りました。「今夜は一緒に寝ましょうね、甘ったれリンさん」て、そう言って頭をなでてあげると、うれしそうに私を見て、頬をなめてきたりしていました。じっと私を見てるので、私は「リンちゃん、大好き、大好きよ」と何回もリンちゃんの鼻をなめてやったりしていました。そうしましたら、ジャージャー、ジャージャーと音を立てておしっこをしました。私は、「よかった、よかった」と言ってリンの頭を何回もなでてやって、おしっこをとり終わると横にならせておむつの取りかえをしてやりました。相当の量で、シーツの下まで入ってましたので、大忙しで全部をかえてやって、「あ、これは気持ちよくなったね、リンちゃん」と言ったら、リンちゃんの目がとまっていました。おしっこをしていい気持ちになってそのまま息を引き取ったんですね。

あらっ。

──

はるよ

すぐに先生の自宅に息をひきとった件を言いましたら、先生も遅い時間に飛んできてくれました。先生は、ちっちゃな花束をリンちゃんの枕元に置いて、「ご苦労さま」と言って帰られました。多分、先生にはわかってたんだと思います。すぐにまた職場の幹部に連絡が飛びまして、5、6人面倒みてた人間が飛んで来てくれました。

それから3日間ぐらい大変だったんでございますけど、その中で一番面倒をみてたオオカワという隊長がそのとき八丈島へ行っておりまして、そこにも一報が届き、八丈島から朝の5時ごろ電話がありました。「僕が帰るまで焼いちゃだめだよ」と。「絶対に3日には帰れるんだから、3日の日まで焼かないでくれ」と言われまして、私も、じゃあそうしてあげましょうということで、お医者さんに頼み込んで、犬用の（そういうのはないんですけども）ドライアイスで3日間もたせました。で、3日目にオオカワ隊長が帰ってきまして、着くなりもうすがって号泣でした……。

――あららら。

はるよ　まあでも、こうやってお花だらけになってみんなからいろんなものをもらって、何とリンは幸せな犬だったんだろうと、翌日の葬式は、私がちょっとふらふらして行けませんで、みんなで焼き場に行ってくれました。

――はあ～。ご臨終ということなんですね、リンちゃん。かわいそう……。でも、八丈島から飛んで来てくれたりして。

はるよ　はい、もう親友からの花束もね。「ママ、ありがとう、天国のリンより」なんて手紙が届いたり。

12話 天国

――リンちゃんとタンゴちゃんのいろいろな話。リンちゃんが皆さんに見守られながらご臨終というお話、悲しい話だったんですけども。

はるよ　はい。リンが亡くなってから、やっぱりタンゴちゃんも大分さみしくなってきまして、夜なんか私とタンゴと2人でいますと、この子は人間じゃないかと思うくらいじっと顔を見まして、ニャ～ニャ～ニャ～と話をするんですよ。

――ほう。

はるよ　まあ、何を言ってんだかわからないんですけども、聞いてあげてると納得するらしく、ほんとに何か人間っぽくなってきた妙な猫でした。2人きりで遊んでるときに誰かが入ってくると、静かに、静かに近づいていって威嚇をする。今までそんなことはあまりなかったので、みんなも夜はタンゴのそばには行かないで朝にしようということになりました。

これは、まだリンが生きてたころの話なんですけど、タンゴちゃんの右の唇が、牙が当たって血がにじんでることがあったんです。私、これは右の牙を取っちゃったほうが唇が切れなくなるだろうと思って、嫌がるタンゴを無理やり病院へ連れていって、病院へ行くのは去勢以来初めてなのですが、歯を抜いてもらったんですね。

——あららら。

はるよ　お医者さんも、「もう外に出ないし、年だからいいよね」なんて言って抜いてくれたんですけど、2日後にタンゴが帰ってきましてから、誰もいなくなると、私のことをじっと見て、ニャオニャオと音がするような声出して、私に抗議をするんです。歯のとこに手を持ってきましてね。

——歯をどうしたんだって。

はるよ　「この歯、どうしてくれたんだ」ってやるんですよ。で、私は「ごめんなさいね、これ、削ればよかったのに抜かせちゃったからね」って。これ、3日間ぐらいやられましたんでね……。

——あららら。

はるよ　ますます、人間化してきたみたいにね、ちょっとうるさいなと思うくらいタンゴちゃんは人間みたいになってきちゃったんです。

――　あらららら。

はるよ　でも、やっぱり相棒が亡くなりましたら寂しそうでした。オオカワという隊長がいたんですけど、その隊長におしっこを教えて身体をささえてもらって用をたし、その腕に抱かれて眠ってることが多くなりました。で、翌年の11月4日、ちょうど1ヶ月ぐらい毎日点滴を受けて、8キロあった体重が1・8キロになりました。1・8キロというと、もう紙みたい。

――　お～お、そんなに薄くなりましたか。

はるよ　それで、すばらしい守り猫の役目を果たして、朝早く天国に旅立ちました。

――　悲しいお話ですけど、ずうっと幸せだったと思いますね。

はるよ　はい。

トイプードルのアイちゃん

1話 出会い

はるよ　愛すべきトイプードルのアイちゃんのお話をさせていただきたいと思います。

――　なるほど。

はるよ　随分昔に大変偉い人たちの会合があって、福岡のおすし屋さんでごちそうになることがありました。それで、犬の話になり、チョコレート色のプードルというのはなかなかいないという話で盛り上がりました。

――　はあ〜。

はるよ　それをその偉い方がチョコレート色のプードルを飼ってるってことで、それで2日前に結婚させたから赤ちゃんができたら1匹あげるよって。その方もちょっとお酒を飲んでらしたのですが、ほんとですかと、私は信じきりましてね。それでプレゼントにいただくことになってたんです。

逆算して2日前だと2ヶ月で生まれるので、生後45日になったらもらいに行けるという計算を立ててました。それで、ちょうどその日に、福岡のお宅におじゃましたわけなんですよ。「こんにちは、犬をいただきに来ました」と言いましたら、まあ、お嬢さんが、2匹しか生まれなかったんで、抱いて離さないんですね。この子はアトムって名前を付けたからだめって言うんですよ。私も欲しいし、渡さなきゃだめだよと、お父さんが約束しちゃったんだからって説得してくださって、お嬢さんは手放したくなかったんでしょうが、いただくことになりました。約束のアトムちゃんという子犬を、私の愛をいっぱいあげるからってことでアイちゃんという名前にしまして、福岡空港から羽田へ飛びました。そして、羽田からすぐそのまま病院へ行って、体の精密検査をしてもらい、それで私の家《うち》に翌日返していただくということで、スケジュールどおりいったんですけども、翌日というのは、飛行機の中もあって疲れてると思ったので、病院に預けたほうが安心かなという気持ちもありました。

そして翌日早朝、時間は何時ごろお伺いしたらいいですかっていう電話を病院にかけましたら、すぐに来てくださいと。検査も終わって元気ですというこことなんです。随分早いなと思って、私も朝一番に病院に行きましたら、このワンちゃんは一晩中鳴いてるんですけど、もう大きい声で鳴きっ放しなんで、他の犬がみんな起きちゃって大騒ぎになって、やっぱり大変な犬ですということ。元気はいいけど吠えるのはちょっと困るから早目に引き取ってもらいたいとのことでした。私が受け取るときも、私の顔を見て、手の中に入るようなちびすけがワンワンて鳴くんですよ。で、ようやく左の胸のところに抱いて心臓の音を聞かせたら安心したらしくて、静かになりました。まあ、寂しかったんでしょうね。

――なるほどね。

はるよ　そして、私の腕の中でスースーと寝始めました。これがかわいいアイちゃんとの出会いでした。

それから、アイちゃんを抱っこして家へ帰りましたら、まだタンゴちゃんも健在なときですし、それに3匹、ミミちゃん、ラブちゃん、ボスちゃんがおりました。みんなこれが全部真っ黒なんですよね。

――黒ですか。

はるよ　黒なんですよ。それでミミちゃんは、トイプードルじゃなくてヨークシャテリアなんですけども、変な色のが来たっていうんでね、みんなで寄ってたかって、歓迎しながらということなのでしょうけど、少し色が違うぞっていうんで、そばへ来てちょっとからかったら、まあ、こんなちっちゃいアイちゃんが狐の子みたいにピョンピョコ飛び上がって、しっぽがガラガラヘビみたいにくるくるくるくるって、これ癖なんですね。ガラガラヘビみたいに震わして、キャンキャンキャンと吠えまくるんですよ。

アイちゃんにすると、今までは楽園みたいなところに家族でいたわけですから、黒の集団のお迎えはショックでしたね、きっと。タンゴや3匹にしてみれば、ちょっとこれは変な狐みたいな犬だなと思ったのでしょうね。よく見ると、アイちゃんは、トイプードルにしてはちょっと垂れ目で、口が受け口なんですよ。

はるよ――あ～、ふんふん。

トイプードルの受け口ってあまり見たことないんですけどね、それがとってもユニークな顔でかわいいんですよ。ボスのところへ行って遊んでほしいなんて足をかんだり飛び上がったりするんですけども、そこに奥さん級のラブちゃんというメスがいまして、やっぱりそれが怒るんですね、そば来るなって。おまえは私の子じゃないってなことでね。なかなか仲よくしてくれないんで、あ、これは危ないと思いまして、ずっとそれから私はアイちゃんを抱っこして、胸の中へ抱っこして育てることにしたわけです。生まれてまだ45日のチビちゃんのアイちゃんは、大きなお屋敷の親元から離れて5階の家に来たもんですから。雷が鳴るとすごい勢いで雷にかかっていこうとしますしね。

はるよ――うわ～、立ち向かっていくんですか。

もうほんとにね、世間知らずで怖いものを全然知らないものですからね、ほんとに目を離せない。そういう状況で水を飲ませてもミルク飲ませても、受け口ですから、ジャバジャバ、ジャバジャバこぼすわけですよ。それをふいてるうちに、今度はミミがやっぱりちっちゃいですからね、かかっていったり、大変な状況でした。

――慌ただしそうですね。

はるよ　もうほんとうに大変で、二月、三月は仕事ができませんでした。

2話 🐾 音楽が大好き

――慌ただしい毎日で、もう仕事も手につかないとのことでしたが……。

はるよ　そうなんです。あれからアイちゃんが私の胸のところにいるのが当たり前になっちゃって、おろすと悪さをするもんですからずっと抱いて育てていました。みんなには過保護だと言われてたんですけど。3ヶ月くらいたったときのことです。私が発声練習をしておりましたら、横へ来て高い音になるとアアッと一緒に歌いだすんですよ。

あらぁ。

はるよ　――最初のうちは、発声の先生は笑ってたんですけど、ちょっとうるさいんで、戸を閉めてほかのところへやってくださいと言われて、しょうがない。そのうち、ピアノの調律の先生が来ましたら、調律の先生がピンピンと高いほうを触るとまた一緒になってピーピーピーと歌うわけです。この先生にも「ちょっと、これ、邪魔です」と言われましたが。救急車とか警察のサイレンとか、普通、犬は反応するんですけど、アイちゃんは全然サイレンや何かには反応しない。

それで、ある夜、私は相変わらず胸のところへアイちゃんを寝かせて、ヘッドホンをかけて少しジャズなどを聴きたいなと思って聴いてるうちに、根があんまりまじめじゃないもんですから、不謹慎にも中途で眠ってしまったんですね。耳元でまた妙な声がするもんですから、ふっと目を覚ましますと、私の耳から外れたヘッドホンのところに向かって、リズムに乗ってアイちゃんが高音で歌ってるじゃないですか。

――うわっ、すごいなあ。

はるよ　私は、アイちゃんは音楽が大好きなんだなと思いました。そのときは、私よりも、リズムのとり方はアイのほうがうまいんじゃないかと思ったほど。それからしばらくして、「南里文雄とホット・ペッパーズ」というジャズのメンバーのクラリネッターのスターだったナカガワタケシさんという方が長いおつき合いなもんで、家に遊びに見えたんです。この犬、変なんだよっていうことを話しましたら、また大変な犬好きで、こちらも。

――ああ、そうなんですか。

はるよ　きょうはクラリネット持ってきてるから、ちょっと吹いてあげようかっていうことになりました。ナカガワさんがクラリネットを出して音を出し始めたら、何と、アイちゃんは歌いっ放しなんですよ。

――あらまあ、声出して。

はるよ　もう私の腕から飛びおりて、クラリネットのほうへ向かってまっしぐら。仲間だと思って演奏を始めちゃったもんですから、ナカガワさんは、おもしろい、おもしろいといって、テープ録ってみてってって言うことで、私も夢中になって2人の演奏、共奏みたいなのをテープに録ったんですけども、ねえ。高く震わせたり、低くうなったり、何しろすごいんですよ。「これは宣伝に使えるかもしれない」なんて言うんで、録っておいたのですが、そのテープ、どこかへなくなっちゃいましてね。

―― あらら。

はるよ　重ね重ね、もうほんとに残念なんですけども。

―― はあ。歌う犬ね。

はるよ　歌うんですよ。

―― いいですね。楽しそうですね～。

はるよ　それからピアノのそばでも反応するんですよね。

3話 病院

――物まねをしたり、クラリネットと一緒に演奏したりという楽しいお話でございましたですけど。

はるよ　ええ、だんだん大きくなってきまして、大きくなるのも早かったんですけど、アイちゃんの体格がボスちゃん、ミミちゃん、ラブちゃんに引けをとらなくなってきたもんですから、私も安心して、前からお約束されていた熱海のほうでの会合に一泊で出ることにしました。留守番を頼んで行ったんですけども、ホテルへ着いてお風呂も入らないうちに電話がかかってきまして、すぐ帰ってくださいと。「アイちゃんを病院に連れていったんだけども、だめかもしれないと言われてるというものですから」というお手伝いさんの話がよくわからないので、これでは帰らないわけにはいかないと思い、会の人たちへは「ちょっと急用が入りました」ということでおわびをして会合から帰ったんです。お医者様のところへ行ったら、「今晩もたないと思いますので、ママの腕の中で抱っこしてあげてください」っていうふうに言われましてね……。

あらぁ。

はるよ　どうしたのかというと、ネコイラズみたいなものを散歩で食べちゃったらしいんです。もともと最初の散歩に連れていったときにセミの抜け殻食べたような子ですから、何でも食べちゃうんですね。で、そういうことがあったもので、散歩させてくれる人に、散歩の途中で変なものを口にさせないようにと言わなければいけなかったのに忘れちゃったので、食べちゃったんですね。私が行ったときには、もう白目を出して、ぐたっとした状況。ベッドに移しましたが、水も受け取れない、胃洗浄もさせられない状況だったもんですから、アイの口の中にこぼれてもこぼれても私が口移しで水を飲ませて、かすかな息の中で一度ゴクンと飲み込んでくれたんです。その後は、もう泡を吹き出したり、水を飲ませたりの繰り返し、繰り返し。私もトイレ以外は丸2日間、つきっきりでシート敷いて、おしっこもさせっ放しの状況で付き添いました。そして、3日目の朝にようやくもうアイちゃんが黒いつぶらな瞳に涙いっぱい浮かべて私を見てくれたんですよ。よしよし、もうこれで助かるなということで、私もアイちゃんに一生懸命口移しで飲ませて、胃を刺激して戻させて、また飲ませて、戻させて、というようなことで、大分元気になってきました。3日目のお昼ころですかね、私も寝ちゃったんですね、疲れちゃって。そのとき私は8度5分ぐらい熱があったと思うんですけど、アイちゃんもぐたっとしてるけど、私も何も食べてないという状況で大変でした。でもそれで何とか一命をとりとめまして、ますます元気になりましたよ。

——よかったですねえ。

はるよ　ええ。もうほんとに……。

——介護のかいがあったということですね。

はるよ　ええ。犬のすごい生命力ですね。

——すごいですねえ〜。

はるよ　ええ、もうだめだと思ったんですけど、生き返ってくれました。

——はるよさんの愛情が通じたのかもわかんないですよ、これは。

4話 アイとボス

――アイちゃん、快復したんですよね。

はるよ　ええ、もう快復してね、1歳を越したころにアイちゃんが女の子になったんですよ。

――ほう、ほうほう。

はるよ　それでボスちゃんはね、トイプードルのオスですけど、心臓が弱かったんで、ラブちゃんとの子どもが亡くなってから去勢してしまって、できないんですよ。それでアイちゃんがね、接した男性はボスちゃんが初めてで、ボスちゃんはアイちゃんにもミミちゃんにも優しかったもんですから、アイちゃんはボスちゃんに恋をして、女の子になる前から、ラブちゃんがハヤシ専務にもらわれていってから、何となく自分が後妻さんのようなね、そんな振る舞いをやっていました。

――あ、なるほど、なるほど。

はるよ　ついてまわって。
――　はいはい。
はるよ　相変わらずおてんばでね、タンゴが寝てるとこを踏んづけたりなんかしてましたけども、ある日、ただならぬ気配を感じて、何事かと思うと、ボスが椅子を伝わってピアノの上に逃げているんです。そして、下のアイちゃんを見て、寂しそうな声を出してるんです。その前に、アイちゃんが悲鳴のような声でボスを追っかけてたのですが、ボスが下におりると追っかけまわして、自分のお尻を持っていって……。
――　ああ、そういうことか。
はるよ　ボスが逃げると、また追っかける。その間中、何とも言えない悲鳴で鳴くんですよ、アイちゃんが。
――　うわぁ。
はるよ　私も何だか切なくなっちゃって。ボスは私のほうを見て

悲しそうな目をして、おまえが去勢したんだろうっていうような顔をします
し、私も抱き抱えてて無理やり引っ張っても言うこと聞きませんもんですか
ら、とりあえずボスは姉の部屋に移して、先生に相談の電話をしたんですよ。
先生がわかりましたと、アイちゃんがかわいそうですから、預かりましょう
ということになりました。暴れる犬なんですけども、時期を見て去勢しま
しょうと。私、そう言われてね、ボスにもすまないことをしちゃったような
気がしてね、自分がずっと売れ残ったもんですからね。

——そうか、そうか。

はるよ　アイちゃんにも悪い気がしましてね、大変反省してました。でも、この2匹
は死ぬまで大変仲がよくて、いいペアで生き抜きました。

——なるほど、そうですか。ちょっと罪の意識もあったわけですね。

はるよ　はい、罪の意識はありましたよ。子ども欲しかったですよ、うん。茶と黒ぐ
らいの。

——そうですよね。

ブルドッグのブーコちゃん

一話🐾名前

はるよ　随分古い話を思い出したんですけどね。
――　おやおや。
はるよ　もう、それこそ40年くらい前になるんですけど、私、ほんとに欲しかったのはね、ブルドッグなんですよ。
――　ああ、ブルドッグちゃん、はい。
はるよ　それで、このころに、『ドーベルマン・ギャング』っていう映画がありまして、これ見ましたらね、最後は、お金ばらまいて、ドジなブルドッグがお金落としていっちゃうんですけども、ドーベルマンのね、笛の連係プレーでドーベルマンとブルドッグが、見ててカッコよくてね。

はるよ――ああ、なるほど。

それで、いつも犬を買っているところに頼みまして、白いブルドッグが欲しいとお願いしたのです。

はるよ――ああ、白い……。

頼んだら、なかなかないよ、と言われましたが、その『ドーベルマン・ギャング』は白いブルドッグなんですね。なかなかないから諦めてたんですけども、そのうちに、その犬屋さんのほうから、1月目くらいに乳離れする真っ白な小犬がいるって情報が入って、「どうですか」って言われたんで、私、もう喜んじゃって、楽しみにしてました。それで、そのころは赤坂のちょっと裏通りなんですけど、結構大きな家《うち》に住んでましたので、犬の走りまわるのにちょうど良かったんです。

はるよ――あ、ちょうどいいと、庭もあって。

ええ。それで、父や母も一緒におりましたので、話しました。仕事で4、5日、留守にすることになりましたので、帰ってきたころにはその白いブルドッグに会えるだろうと楽しみにして、それでもう仕事先でも落ち着かないのね。

はるよ　ハッハハハ。そうそう、そうそう。

——　いつ来るか、白いブルドッグが来るっていうんで。それで楽しみにして仕事先から帰ってきましたら、ちっちゃいブルドッグが玄関あけた途端にパーンと飛び込んできたんですよ。

はるよ　あらあら。

——　あら、まあ。もう来ちゃってんだと思ってね。奥から母の声がしまして、「ブーコちゃん、こっちいらっしゃい」。私のいない間にブーコって名前つけられたのね。

はるよ　名前つけられた……。

——　もうがっかりしちゃってね。

はるよ　そうですか。でも、いいじゃないですか。

——　私はね、いろいろ考えて、カッコいい、横文字

の名前考えてきたんですけどね、もう3日前に来ちゃってたんです。私が出かけてすぐね。

――そうですか。

はるよ　母が、ちっちゃいからかわいそうだからって、自分が抱っこして寝て、ブーコ、ブーコって呼ぶもんだから、完全にブーコって名前覚えちゃいましてね。

――わんちゃんが、自分はブーコなんだって。

はるよ　もう、がっかりもいいとこなのね、ほんとに。ブーコちゃんは、何しろ犬小屋に行かせようと思っても入らないんですよ。縁側のところにちゃんと大きい部屋をつくっといたんですけど。

――あらあらあらあら～

はるよ　私は犬小屋へ無理やり突っ込んで入れる、戸を全部閉めていって出られないようにしてるんです。私がちょっといないときのことなんですが、ある日、母の背中のところがね、腰のあたりが温かくなったと言うんです。

――はい。

はるよ　ちょっと耳も遠いもんですから、それでそのうちにグーグーって聞こえるって言うんですよ。そしたら、そのブーコちゃんがうちの母の腰のところに上がってきて、母によっかかっていびきをかいてるんです。縁側から鼻と手を使って、短足なのに。

―― 上がってきて。

はるよ もう飛び石を越して上がってきて、母の背中のところで寝ていたわけですよ。それで、怒ったら飛び下りたらしいんですけどね、まあ、ほんとにもう母になついちゃって。

―― あ〜あ。

はるよ 私は、外へ散歩に連れていって、ブーコ、ブーコって言うの嫌なんですよ。「ブーコ、いらっしゃい」って。

はるよ そう。白いブルドッグだから、ブーコってのはね。そしたら、母がね、この犬はちょっと病気ではないかって言うから聞いてみると、〝お座り〟はするけど、〝お手〟をすると転ぶって言うんですよ。

―― アッハハハ。

はるよ でも、「それは、お母さん、ブルドッグっていうのは闘牛犬としてつくった犬だから、結局、振りまわされても大丈夫なようにお尻がちっちゃいんだよ」って。「だから、〝お手〟はできないんだよ」という風に話したんですけどね。

―― へえ〜、そうなんですか。でも、かわいらしいですよね

はるよ　ええ。顔はひどいですけどね、やっぱり、しわしわで

―― そうそう、そうそう。

はるよ　だけども、大きくなるスピードも速くてね。それ以来母とブーコはね……。

―― 仲良しですね。

はるよ　すごい仲良しになっちゃった。

―― ハハハ、そうですか。

はるよ　ハッハハハ。

2話 脱走

――ブルちゃんの話でしたね。いろいろとお母様と……。

はるよ　はい。もう何しろ、うちの母はブーコちゃん気に入っちゃって。自分が名付け親ですからブタみたいなブーコちゃんを大事にしてました。借家なんですけど、以前寮か何かだったらしくて、うちが結構広かったのですね。門扉が玄関にありましてですね、門扉が中からでも外からでも、手伸ばせばあけられるようになってました。御用聞きの方たちが来たとき、ブルドッグがだんだん大きくなってきてちょっと怖いからというので、最初はブザー鳴らしてたんですけども、全然害がないとわかると、お尻振って歩いて、くっついて歩くんで、なんだ、これはちっとも怖くないんだっていうことで、一応ブザーは鳴らしても自分で中へ手を突っ込んであけて入ってきたりするようになりました。犬の好きな人は、犬と遊びたいって。ところが、そのブザーを鳴らしたときに必ず門扉があくっていうことを今度ブルドッグのほうが察知しちゃった。

――　知っちゃったんだ。

はるよ　ええ。知っちゃった。それで、今回のテーマはブーコの脱走なんですけどね、あけた途端に横からバッと逃げるわけですよ。

――　うわぁ〜。

はるよ　そうすると、2時間後ぐらいに赤坂警察か六本木警察から連絡があるんですけど、結局みんな誰も捕まえられないんですよ。顔がほら……。

――　そうそう、怖くなってるから。

はるよ　だんだん大きくなってね、それで走りまわるし、みんな捕まえようと、大人も、「大丈夫、おれが捕まえる」って言いながら転んだりして、結局、警察に逮捕されるわけですね。(笑)

――　逮捕される。かわいそうに。

はるよ　私が謝りに行って、きょうは赤坂か六本木かと。行くと、婦警さんの中にも犬好きな人がいて、「名前何ていうの?」「ブーコです」って。首輪に名前や電話番号を書いてあるわけです。そうすると、「まあ、かわいそうにね。こ

んなに真っ白になるまで、よぼよぼなのに走りまわって」。まだ1歳なんですよ。（笑）

――　よぼよぼだって、全く。

はるよ　だから、ほんとに悩まされました、この犬には。

――　なるほどね。楽しいね。

はるよ　脱走歴は相当あります。

――　ブーコちゃん、大活躍ですね。

はるよ　いや、もう大活躍どころじゃなくて、ほんとにね、犬ってあんなに目がいいのかと思うくらいね、要するに荷物を持って人が来ると脱走できると。

――　見極めるんですね。

はるよ　荷物のない人は、入ってきてもすんなり戸を閉められちゃう。荷物を置いた瞬間、横からパッと脱走するわけなんですよ。

――　はあ～。

はるよ　それで、ブーコは闘牛犬でもあったけど、子守り犬と言われるぐらい子どもが好きなのですが、門扉のところに子どもたちが、「変な犬」って寄ってくるんですね。「これは、豚か犬か」なんて言って。ちっちゃい子が3人くらいで来て、あのころ、しゃぼん玉をね、プッと飛ばしてかけるんですよ。

――ブーコちゃんに。

はるよ　ブーコは、目を真っ赤にして、もともとちょっと垂れ目の赤い目なんですけどね、目を真っ赤にしても喜ぶんです。遊んでもらってると思って。自分では子守りしてるつもりなのか、遊んでもらってると思ってるのか、じっとしてるわけですよ。私が「誰ですか！　うちのブーコをいじめるのは」って言うと、子どもたちがワーッて逃げちゃって(笑)。それで、また脱走する。また、もらいに行くという繰り返しで、会議中でも電話がかかるというようなことがありました。最後には留守番のお姉さんに頼んで、脱走しないように、「誰か来たときには、つないじゃってもいいから」って言うけど、そのつながせるまでにね、体重が重たいもんだからね、突進してくるもんですから、ほんとにえらい騒動でした。

――へえ～、そうなんですね。

はるよ　でも、私もよく考えて、もともとはドーベルマンが欲しかったわけです。ブルドッグも欲しかったんですけど、どうも名前がね、ちょっと気に入らないんで、よし、わかったと。これでドーベルマンを2匹飼えばいいぞというようなことで、また頼んだんですよ、犬屋さんに。そしたら、「すぐには無理だろうと思うけど、半年か1年くらいの間には、ドーベルのオスとメスを考えておきますよ」ということで、「じゃあ、お願いしますね」って。それで、半年くらいたって、ようやくドーベルマンの、まず先に男の子が来ました。

――男の子が来た。

はるよ　ピータータイガーと言ってチャンピオンの子ですから、これは大きくなりますし、もちろんドイツのドーベルマンですから、スタンダードドーベルマンでカッコいいですよと。そのチビ助がきたんです。その後、メスが来るようになるんですけども、その反応が結構おもしろくて……（笑）。

――なるほど、反応がおもしろかったと。

はるよ　おもしろかったです。

――うわうわうわ、これ、何が来たかと思って。

はるよ　そうなんですよ。

――ブーコちゃんも。
はるよ　白と黒ですからね（笑）。

3話　ドーベルマンのジルとジム

――ドーベルマンちゃんのちびちゃんが来たというお話でしたね。

はるよ　ええ。ちびちゃん来ましたらね、やっぱり、白と黒というのは、お互い色の違いがよくわかるんですね。前のプードルのときも、黒いとこに茶色が来て反応されたと同じようにね。ブルドッグのほうは結構大きくなってましたけど、ドーベルマンのほうはまだちっちゃいわけですよ、生後60日ぐらいだからね、背もちっちゃいし。それをブーコが足でピヨッと倒してみたりね。

――やるの？

はるよ　いじるんですよ。それでね、ドーベルマンが猫みたいに縁の下に、奥のほうに逃げちゃうんですね。

――　逃げちゃうんだ。なるほど、なるほど。

はるよ　そのうち、メスが2週間足らずで、また追っかけて来たんですけど、その2匹は仲がいいんですよ。

――　ああ、ドーベルマン同士は。

はるよ　それで、その2匹を追っかけまわすもんですから、ブーコちゃんは、おまえ、そのうちにいじめられるよって。そうやって、縁の下へ追っかけまわすと、餌のときに引っ張り出すのが大変なんですよ、もう。もうしょうがないから、ジルちゃんとジムちゃんという名前にして、ややこしい名前なんですけども、両方とも自分たちの名前を覚えてくれましたよ。それで、「ジルちゃん、ジムちゃん、出ておいで」って言うと、こうやって探しながらね、ブルドッグがいるかいないか探しながら2匹で出てきてたんですよ。そのうちに、犬たちにもお母さんがやっぱり一番偉いというのが、上下関係がわかるんですね。

―― ああ、なるほど。

はるよ　それで、縁側の戸があいていると、ジムのほうがね、オスの方が走ってお母さんの膝の上に乗っかっちゃうんですよ。

―― あっら〜。

はるよ　そうすると、メスのジルちゃんも慌ててそのお母さんの膝の取り合いっこ。でも、ブルドッグは上がると怒られるから、下からにらみつけて……。

―― にらみつけるような目で。あの目で。

はるよ　にらみつけて、「おりてこい、この2匹」と言ってね、怒ってるんですけどね、もう膝の取り合いっこで、べろべろなめられて、母も、「もうしょうがない、子どもだからしょうがない」って言ってたんですけどね。そういう状況で、ただ、ブルドッグもいじめるわけじゃないんですけど、異様なものが来たというもんで追っかけまわしてたんですね。犬屋さんとの約束でね、白いブルドッグがあまりいないんで、2度目ぐらいの周期で女の子になったら一回ちょっと貸してほしいと言われてました。

―― ああ、なるほど。

はるよ　という約束もあったもんですから、その2匹がいじめられっ放しじゃなくて、ブルドッグのブーコちゃんがいなくなりますので、それで……。

――ああ、なるほど。

はるよ　まだまだこの2匹はおもしろいですよ。今度はだんだんブルドッグがいじめられるようになるんですがね。

――逆にね。

はるよ　そうなんですよ。

ムク犬のデムちゃん

一話 引っ越し

はるよ　――さあ、今回はどんな話……しましょうかね。

年末にブーコちゃんの話で終わったんですけど、あれからずっといろいろ考えていまして、私、いつごろから動物を好きになったんだろうと考えてみたんです。記憶がはっきりしてないんですけど、多分5歳くらいのころからかなと思います。歩き始めたころから動物を全然怖がらないで、親が随分心配をしたと言ってました。

古い話になりますけど、東京の田端の土地も震災で焼けまして、父が仕方な

く家族を連れて、うちの父は何しろ11人兄弟なものですから、その長男を頼って、岩手県の盛岡に引っ越したわけなんです。引っ越しのとき、私をとってもかわいがってくれていた三男のジュウジョウのおじさん（東京の十条に住んでいたので、こう呼んでいました）が、「はるよだけ置いてけ」とまで言ってくれたんですけど、やっぱりみんなで引っ越したものですから。うちの父は末っ子で11番目ですからそこの長男も次男ももう親子ほど年が違うんですけど、すごい大きなうちで、乾物屋さんと果物屋さんやなんかをやっていて、裏のほうにいっぱい敷地がありました。その奥のほうの一軒家にうちの家族が面倒みてもらったわけなんですけど、うちの父は大蔵省の役人だったのですぐに向こう行って税理士になって、父の長男が面倒をみてくれ、新しいうちや事務所もできたんです。

ただ、トイレが渡り廊下の先なんでね、夜はトイレへ行くのが怖くてね。いつも姉を起こして、ついていってもらったりしたんですけど、そのおじさんのうちに雑種の大きなムク犬がいたんですよ。その名前が「デム」という名前で、とっても人なつっこい犬で、どこで呼んでも、トイレで呼んでも、すぐに耳をパタパタして走ってくるんですね。大体小学校に入る前からそのデムちゃんと私、大変仲よくなりまして、それからデムちゃんとの楽しい日々が続くんですけども、この続きはまたこの次聞いていただきたいと思います。

――デムちゃんね。優しい犬だったんでしょうね。次のお話が楽しみでございますね。

2話 初恋の犬

――さあ、ムク犬のデムちゃんの話ですね。

はるよ　岩手県に越してからなんですけどね、私の姉は5歳上なものですからね、疎開っ子ってことで結構いじめられたらしいんですけどね。私は5歳から童謡歌手として、東京のジュウジョウのおじさんのところとか、ＮＨＫなんかでも歌わせていただいたもんですからね、自分ではうぬぼれが強くて、天真らんまんで、学校はびり。何しろ勉強する気全然なしというところでした。父は新しい仕事が忙しいし、母は体が弱かったものですから、お手伝いさん2人はいたんですけども全然構ってくれないんです。私が結構1人で遊ぶものですからね。一番楽しいときというのは、そのデムちゃんとお話をする時間。怖くてお手洗い行くのが嫌なときには「デム、デム」と呼ぶと、飛んでくるんです、ずっと遠いところからでも。

遠くから、ザザザザザッと。

はるよ――だから、私には一番最初の初恋の犬がそのデムちゃんだったんですね。ところが、お手伝いさん2人いたんですけど、そのお手伝いさんが、あまりよそのうちの犬を私が引き込むものですから、これじゃ、やっぱり大家さんのほうにまずいというので、野良猫をもらってきてくれたんですね。野良猫には「ミーちゃん」と名前をつけたんですけど、その猫の話の前にちょっと大きな事件が起きたんです。というのは、馬車が来たんですけどね、その馬がうちに来たんで私がおもしろくなっちゃって、その馬のおなかの下を行ったり来たりして遊んでたんですよ。すると、近所の人たちで大騒ぎになりまして、母が手招きして「こっちへおいで」ということで、ようやく膝の上に行きましたら、思いきり横抱きされてね。お尻をバシバシひっぱたかれたのですが、その痛さが、まだ覚えてるぐらい痛かったんですよ。珍しい鶏とかヒヨコの子とか、カエルとか、いろんなものがね、私にはみんな友達でした。

——なるほど、そうですか。楽しいですね。

はるよ　怖かったですけどね、うちのお母さんにバシバシ……（笑）。それでお手伝いさんが、私が人のうちの犬に構ってるっていうんで、野良猫を1匹拾ってきてくれたんですけど、これがまた器量よしの三毛猫だったんです。「ミーちゃん」って名前をつけまして、それで学校から帰って、外に出るとデムちゃん、家に帰ってくるとミーちゃんを抱っこして、わけのわからない歌をつくってはね、ミーちゃんに聞かせてたりしてたんです、そのころから。

——即興で。

はるよ　ええ。ところがね、半年ぐらいたったころ、夜中に目を覚ますと、猫を拾ってきたお手伝いのおばちゃんがね、ミーちゃんを抱いて台所のところにいまして、手元に何匹かちっちゃいのが動いてるんですよ。赤ちゃんが生まれたんです。おばちゃんが糸で猫のへその緒を結んだり切ったりしてまして、私はまだ小学校1年になったかならないかのころだったんで、びっくりして声もかけられずにじっと見てたんです。随分時間がかかったような気がしましたけど、おばちゃんが赤ちゃん猫を箱に入れて、台所から出ていきました。

ミーちゃんがミーミー鳴いてるんで、私はミーちゃんを抱いて布団に戻りました。怖くて、おばちゃんには何も聞きませんでした。どっかにもらわれていったんだなと思っていました。でも、それは後でわかりましたけど、父が結構厳格な人でしたので、猫を飼ってもいいとは言っていなかったらしくて、随分怒られたらしいです。

それで、「野良猫が迷い込んできてはるよちゃんがかわいがってるんで、なついて離

れませんから取り上げられませんでした」という言いわけを言ってたらしいんです。父はあまりに忙しいので会うこともなくて、眠ったころに帰ってきて、たまに一緒に夕食でも食べるときには、ご挨拶とかいろんなことで私がいつも怒られるものですから、そうすると母が叱られるものでね、ちょっと苦手な存在でした。

――なるほど。

はるよ　お小遣いをもらうとき、「歌ってくれますか」と言って、みんなの前で私の歌を披露してくれるとき、そういうときの父は大好きだったんですけれども。なかなか難しい父ではあったんです。

――厳格ですね。

はるよ　厳格で難しい父だったんです。

――昔の典型的な。

はるよ　それからしばらくして、またミーちゃんがおなかが大きくなりまして、おばちゃんはきっと困ってるんだろうと思って、夜、ミーちゃんが苦しそうにうなり始めたんで、私は糸を切って用意して、はさみも火を通して消毒して、小学校なんですけどね、そっと台所へ連れていってバスタオルの上に置きました。1匹目が出てきました。袋を一生懸命ミーちゃんがなめて破ってます。赤ちゃんを取り上げて、おばちゃんがやったようにきちっと結んであげました。4匹、どういうわけか3匹とも真っ黒でしたけど、かわいい赤ん坊が生まれました。

――うわあ、すごい。お産婆さんやったのね。

はるよ　そうなんです。

3話 三毛猫のミーちゃん

——はるよ

赤ちゃんが生まれて、お産婆さんもしたということで、びっくりしましたですけどね。

その生まれた4匹とタオルに包んだミーちゃんを抱いて、私はそっと自分の布団の足元のところに隠したんですよ。ミーちゃんも喜んで、足元で赤ちゃんをなめて眠ったと思うんですけど、突然妹が——私に年子の妹がいて一緒に寝てたんですが、大きな声で叫び出しましてね。「お母さん、お母さん、来てちょうだい」って、「足元にぐにゃっとしたものがあるんだ」って大騒ぎするんですよ。妹が騒いだんで、私がまた叱られると思ってたら、父が起きてきちゃいまして、家中大騒ぎ。おばちゃんはびっくりしてますしね。父が「誰が産ませたんだ」って言うので「私です」って応えると「どこで覚えたんだ」って。「覚えました」って言って、

このころは仕方ないんですけど、うちの父が「箱に入れて川へ流してしまえ」というようなことを言うんですよ。

そう言って父は自分の部屋へ上がっていき、おばちゃんが箱に入れようとしたものですから、私はおばちゃんのことをすごい勢いでにらみつけて、4匹を毛布で包んで物置の小屋に。自転車が何台か入ってる物置小屋があったので、ちょっと階段が急なんですけど、そこの階段を上っていって猫と籠城したんです。2日ばかり。御飯も食べない、学校も行かない。

――すごいな。

はるよ　泣いてるものですから、猫が涙をなめてくれましてね。時々私も大きな声で泣くものですから。そのうちに私も眠っちゃったんですけど、目が覚めたときには、父と母が枕元にいまして、お医者さんもそばにいました。39度ぐらいの熱を出して、引きつけを起こしたらしいです、ハハハ。もうね、後日談ですけどね。妹に母が「とっても困る」と言ってたらしいです。「あの子は、どうしてあんなに動物のことになると……」いうことを言ってたらしいんですけどね。何しろ、その4匹の猫ともお乳ももらえないまま、びっくりしたりなんかしちゃったものですから、やっぱり死んじゃったんですね。死んじゃったときから、わんわん泣き続けて、というようなことがありまして、動物に関してはね、兄弟みんなに心配されてました。

はるよ ―― 動物に関してはね、愛情がすごく深いということなんですよね。好きなんですね、本当に。

はるよ ―― そうですか。でも私も好きですから気持ちはわかりますけどね。動物はかわいいですからね。

はるよ ―― かわいいですよね。

―― 目が物語るんですよね、しゃべるんですよね。

4話 お別れ

――さあ、きょうのお話はどんなのでしょうか。

はるよ　それから熱が下がりまして、ようやく学校へ行けるようになったんですけども、どっちにしても学校へ行ったり行かなかったりなんで、姉も妹も1、2番なのに成績はいつもびりでした。歌ばっかり歌ってるものですからね、勉強する気がないと。そんな私の悲しい気持ちをわかってくれたのか、ムク犬のデムちゃんがね、自分のうちに帰らないでずっとうちに居つくようになっちゃったんです。

――ワンちゃんですよね。

はるよ　ええ。それで私が帰ってくると、いつも犬と泥んこみたいになって遊びまして、そんなある日、「デム」って呼んでも出てこない。おかしいなと思って、その大きなおじさんの家に行って、中をのぞいてみたり、店のほうへ回ってみたりしたんですけどもいないんですよ。で、ちょうどそのとき、学校のクラスは違うんですけど、同い年の女の子が、おじさんの孫に当たるんですけどね、それが私のそばへ来て、「デムならもういないよ」って。「あれはうちの犬だから、あなたのではないでしょう」って言われたんですよね。「どこへ行ったの」って聞いたら、「天国へ」って言われたんですよ。それで、「どこの天国なの」って聞いたら、「みんなで鍋にして、きのう食べちゃったよ」って、こう言うんですよ。それで、「えっ、デム食べたの」って。「赤犬はおいしいんだよ。タヌキ汁とか、ウサギ汁とも一緒だよ」って言われて、私は目の前が真っ白になっちゃいましてね。それでもう、「誰が殺したの」って言ったら、「サダオおじさんだ」って。いつも私を抱っこしてくれる優しいおじさんなんです。私はもうどうしようもなくなって、いつも父が入っちゃいけないという父の事務所にどなり込んでいきました。「デムちゃん食べられちゃった、殺されちゃった」って泣きながら大騒ぎするものですから、事務員が5、6人いたんですけど、仕事どころじゃなくなってしまいました。父にすがって、「食べられちゃったんだ、食べられちゃったんだ」って大騒ぎするものですから、父もやむなく私を抱っこして、「今度は大きいの買ってあげるから、絶対大きいの買ってあげるから」って。また引きつけを起こされたら大変なものですから。妹は軽蔑のまなざしで「またお姉ちゃん始まった」ということでね、ハハハ。

そのうちに学校から帰ってきた姉に、「はるよちゃんね、お父さんが大きいの買ってくれるって言うんだから、いつまでも泣いてるんじゃないの」って慰められて、それから少したってシェパードのちっちゃいのが来ましたけど、私にとっては本当にショックでした。

――時代が時代ですから、地方、ところによっては食べちゃうんですね、赤犬は。

はるよ　ああ、そういう風習があったんでしょうね。

――もうね、私はショックで気絶しそうになりましたよ、ハハハ。

――異質の、別の世界ですものね。

はるよ　そうなんです。だけど、しようがないことなんでね。

――　そうですよね。へえ～、衝撃的ですね。

はるよ　でも、やっぱり東京でも聞きましたよ。

――　ああ、そういうのはね、昔はありましたもんね。時代なんでしょうけどもね。

そうですか、かわいそうだったですね……。

はるよ　ちょっと寂しいですね（笑）。

シェパードのジョン

一話　出会い

はるよ　デムちゃんがいなくなっちゃって、初めて私が犬を飼えるような約束を父に取りつけたのですが、東北の冬は長いんで、若葉が芽吹くころにようやく、待ち焦がれていたシェパードの2ヶ月の子犬がやってきました。真っ黒い子犬で、足も太くて、「きっと大きい犬になるよ」とみんなに褒められて、私は本当に喜びました。父のほうの取引先の体の大きなおじさんが、わらの中にうずくまっていた子犬を私に抱かせてくれたんですね。私は興奮して、顔を真っ赤にして受け取ったらしいんですけども、多分小学校2年生のころだったと思います。

藁だらけの犬小屋が知らないうちにできていまして、きっとそのおじさんが持ってきてくれたんだと思うんですけども、私は「ジョン」という名前をつけて一晩だけという約束で、抱いて寝ました。妹は嫌いなものですから、私に背中に向けて寝ていたのを覚えています。寝る前にミルクを飲んだものですから、布団の中でたくさんおしっこをしたので妹は慌てて姉の布団の中へ潜り込んで……。

はるよ――潜り込んじゃった。

なので、私はその辺にあったタオルケットや毛布で、子犬が風邪引かないようにくるみ込みまして、私も毛布にくるまって眠ってしまいました。で、朝はもっと悲惨な状況で、ベチャベチャにおしっことうんちもしてまして、私はさんざん叱られ、学校は1日サボることになりました。犬小屋も外だと寒いというので、無事、納屋のほうに、風の当たらないところへ動かしてもらいましたが、吠えるたびに私が飛んでいくものですから、「くせになると、もう返してしまうよ」と父に叱られました。それで犬の鳴き声を聞きながら私もしくしく泣いていたのですが、1週間ぐらいたったら夜は我慢して眠るようになりました。ジョンも1週間ぐらいしたら鳴かなくなりまして、それから私は朝早く起きてジョンと飛びまわって、心を残して学校へ行くという毎日でした。

――慣れてきたのですね。そうですか、子犬ですからね。かわいらしいですね。

はるよ　かわいかったですよ。

2話　コッペパン

――子犬のジョンちゃんですけども、これからいろんなエピソードが出てくるかと思いますけど。きょうはどんなお話しでしょうかね。

はるよ　学校へ行きますと、学校の帰りには野良犬の集団が私を待ってるんですよ。もう1年生のころからなんですけど、そのころはコッペパンだったんですけどね。ジャムかバターを挟むんですけど、それを残さないで持って帰りなさいということでいつも先生が、「皆さん、入れるもの持ってきなさい」と。それで母がいつも白い大きなハンカチを用意してくれてまして、私はちょっと一口だけパンを食べて、残りをハンカチにしまい学校の校門を出ると、すぐに距離を置いて1匹、2匹と、私の後ろについてくるんですよ。

それで、うちと学校との中間ぐらいのところに電信柱と、そのそばに大きな木がありましてね。私はその木の下に行くと、自分では隠れてるつもりなんですね、有名だったらしいんですけど、ゆっくりランドセルからパンを出して、数匹いる犬を並ばせて、少しずつ少しずつ口に入れてあげました。多分5、6匹はいたと思うんですが、パンがみんななくなってしまってハンカチを見せると、みんなしょんぼりして散っていきました。

誰も知らないと思っていたんですけれど、いつもいつも帰るとすぐに、おなかがすいてるものですからね、「お母さん、おなかすいた」と言うので、母がお芋をゆでておいてくれまして、お芋をもらって喜んで食べていると、母はハンカチにジャムやバターがついてるから、食べないでまた何かにやってんだなとちゃんとわかっていました。また近所の人のうわさも、「はるよさんは、いつも野良犬を連れて歩いてる」とか、そういううわさがあったらしいんですけど、母は何も知らないふりをして毎日洗ってくれてたものですから、私は誰も知らないと思ってたんですよ。

――そう思ってたんだね。

はるよ　ええ。ただ、おなかがすいてしようがないので、食いしん坊だったもので、お芋を食べるのが本当に楽しみで。それで、今度はうちに帰ったらすぐに、ジョンの小屋へ飛んでいって、お芋も少しは持っていってジョンにも分けてあげ、ひと遊び。宿題もそこそこに幸せに暮らしてる状況でした。ジョンちゃんは順調に大きくなっていきまして、やっぱりシェパードというのは、大きくなるスピードが速いんですね。どんどん、どんどん大きくなってきて、もう日曜日なんかは、ジョンと一日中遊び疲れて、ジョンの小屋の中に重なって眠ってるということもありました。

―― 本当に？　すごいですね。

はるよ　母に叱られましたけども。

―― あら、犬小屋に入っていっちゃうのね、一緒になって。

はるよ　犬小屋は結構大きかったので。

―― ああ、大きい犬だからね。

はるよ　疲れたらそこで一緒に寝ちゃいましてね。

―― 寝ちゃって（笑）。ジョンちゃんと添い寝で2人。

はるよ　添い寝です。

―― 楽しいな。でも本当に珍しいですね。そこまで犬と仲良しというのもね。

はるよ　やっぱり犬はあったかいでしょう。

―― あったかいですよ。

はるよ　で、藁の中だともっとあったかい（笑）。

3話 すてきなボーイフレンド

——子犬がだんだんだんだん成長して、いろんな出会いがあると思うんですけれども。

はるよ　秋風が吹くころになると、ジョンはたくましく大きくなりまして。

——早いもんね、成長が。

はるよ　それでもう、6ヶ月ぐらいになると、立って私の目の前に顔があって、すてきなボーイフレンドができたような、本当にかわいいかわいいジョンちゃんになりました。

そんなある日、ジョンちゃんが鼻水を流していまして、「あれ？　ジョンは風邪を引いたな」と思って、大好きなお肉とか、カステラなどを食べさせたんですけども、あんまり食べない。で、ちょっと腰が痛いのか、腰が落ちてへこんでるような気がしますし、「歩きにくそうだよ」と父に話しましたら、父はすぐに獣医さんを呼んでくれました。咳もコンコンとして、よだれも出てまして、お医者さんが父と話をしていましたが、今思えばジステンパーだったんですね。でも、父は「この子はすぐ治るから、入院させないといけないかもしれないけど、ただ2、3日は先生が注射をしに来るから」ということで、それで治ったら入院はしなくていいよと言われたものですから、私も一生懸命、注射を嫌がるジョンちゃんの首をつかまえてました。

——押さえてね。

はるよ　そして、好きな卵焼きとかケーキとかを食べさせて頑張ったんです。学校も公認で2、3日休ませていただいて（笑）。で、4日目ぐらいの朝に、お医者さんが「いや、この犬はちょっと入院させたほうが早く治ります」というふうにして連れに来たんです。私もジョンちゃんにしがみついてるものですから、しようがない、お医者さんが一緒に乗っけていってくれました。そこは、岩手農大というところで、私の家から車で30分ぐらいかかるんですよ。それで、山の奥のほうなんで、少しは雪も降り始めたような状況になって、木づくりの大きな長い病院だったんですけどね、立派な玄関にたどり着いたら、そこに迎えの人が2人いました。先生が名前を言うと、奥の犬の病棟のほうに連れていかれました。子ども1人ではあかないようなすごい重い戸で、その中にケースのような仕切られた部屋が、檻が6つありまして、ジョンちゃんは1匹もいないその大きな部屋の手前の部屋に入れられました。で、お医者さんが私のことを引っ張って車に乗っけちゃうものですから……。

――後ろ髪引かれますよね。

はるよ　後ろ髪引かれる思いで、もうつらくて、ジョンちゃんの鳴き声を聞きながら、車に乗っけられて帰ってきました。

――うわあ。さあ、大変だ、この後。

はるよ　もう本当に寂しかったです。

4話 お別れ

――ジョンちゃんが入院されたということでしたね。

はるよ　岩手県の冬はすごい足が早くてね、だんだん雪も降り始めまして、そんななか私は学校から帰るとかばんを投げ出して、雪まじりの道をマフラーで口を覆って、一目散にジョンに会いに走っていきました。もう暗い部屋でジョンが待ってると思うと、本当に……。

――切なくなるね。

はるよ　もう切なくてね。後にも先にもそのときだけですけど、そのころお母さんの財布からちょっとお金を盗んだんですよ、私。それで、ジャムパンとあんパンを買ってジョンに持っていくと喜んで食べてくれるんですね。母は全部わかってたと思うんですけどね。

帰り道になると、学校の病院ですから、戸を早く閉めちゃうんですね。もうお帰りなさいと。で、帰り道、走って帰るんですけど、片道1時間弱かかるので、帰るころには体が真っ白になってるんです。そうすると、父と母は「ジョンちゃんどうだった」って聞くので、「うん、元気だったよ」と言って、それが精いっぱいでした。お昼は野良犬にあげちゃってるし、おなかがぺこぺこで、お芋かじって走っていってるわけですから、御飯を食べて、もうこてんと寝る始末。そういう時期が大体1ヶ月半〜2ヶ月ぐらい、そのくらいの間は生きててくれたわけなんです。ジョンはあんパンやジャムパンはうれしそうに全部食べてくれるものですから、ある日、母が「はるよちゃん、プレゼントですよ」と、内緒で巾着みたいなちっちゃな小銭入れを私にくれたんですね。その中に、毎日ジャムパンとあんパンを買うだけのお金が入ってまして、私はぺこっと頭を下げて、いつものように病院に走っていってました。

それでまあ、1ヶ月半くらいでしょうかね。もう寒くなって、地面が凍ってきたころですから。学校から帰ってきたときに、父が珍しく私に声をかけて部屋に呼ばれました。で、「きょうから病院行かなくていいんだよ」って。たったそれだけだったんですけど、母はちょっと目頭を押さえてましたし、私は死ぬわけないと思ってましたが、やっぱり気がつくともう雪の中を走っていました。病院の戸はかたく閉められていて病室もあけない状況だったものですから、泣きながら「ジョン、ジョン」と言って、帰り道は雪の中を走って帰ってきました。父も母も動物嫌いだった妹も目にいっぱい涙を浮かべて、母は私を抱きしめてくれまして、「ジョンちゃんは天国に行ったんだから、今晩はジョンちゃん来るよ」と言って私を慰めてくれたんです。

――うわあ、悲しい思いをしましたね。

はるよ　はい。それっきりもう、ジョンが恋しくてだめでしたね。

黒猫のタンゴ

一話 出会い

――はるよさんはずっと動物がお好きで、いろんな動物の個々のエピソードを皆さんにお届けしたいということでございますが、きょうは、黒い子猫との出会いということで、このエピソードを皆さんにお届けしていきたいと思います。はるよさん、ぜひよろしくお願いいたします。

はるよ　昭和57年、桜の花が葉桜になったころだと記憶しています。そのころ、家の周りにはたくさんの野良猫がいました。ボス猫は、真っ黒い猫らしく、黒い猫がたくさん、子猫、大きい猫、いっぱいいました。その中に白い子猫と黒

い子猫の2匹連れがいました。黒い子猫は、手のひらに乗るように痩せこけていて、もう1匹は倍以上もある大きな猫でした。私の家の前に桜の木がありましたが、その木の下にいつも子猫たちは2匹でうずくまっていました。何回か見ているうちに情が移ってしまって、つい缶詰、ミルクなどをその木の下に置くようになりました。「おいで」と言うと逃げる、目が合うと威嚇する2匹。ちびすけのくせに歯をむいてうなったりしました。子猫のほうは、口があいても声が出ませんでした。きっと失語症だったんでしょう。

それからしばらくすると、白い猫が来なくなりました。近所のおばさんが、「あの猫は車にひかれて死んじまったよ。でも、どうするんだろう、このちっちゃい黒い猫は」と私に語りかけてきました。私はすかさず、「この子猫は私がもらいましょう」と言って抱き上げていました。私は黒い猫が欲しかったんです。今まで子どものころもいっぱい猫をひろってきたんですけど、黒い猫は1匹もいませんでした。この黒い猫は、タンゴと名前をつけました。

——なるほどねえ。『黒猫のタンゴ』のタンゴですか。

はるよ　そうなんです。

——　うわあ〜、そうですか。

はるよ　利口な猫だったんです。

——　ねえ。そういった野良の猫ちゃんたちが集まってきて、餌をくれる人がいると、そこにみんな寄ってきますけども、その目を一つ一つ見ると、優しい目してますよね。寂しそうな目もいるし。

はるよ　ねえ、やっぱり。でも、そばに行くと怖いですよ。

——　逆にね。

はるよ　ええ。

——　うわぁ〜、やっぱりあるんですね、何かね。

はるよ　飼い猫とやっぱりちょっと違いますね。

——　違いますよね。でも、だんだん、だんだん慣れてくるという、その過程がまたいいですよね。

2話 生い立ち

――前回のお話は黒い子猫ちゃんとの出会いでございましたけど。

はるよ　ええ、今日はそのタンゴちゃんの生い立ちを。

――そうですか。じゃあ、早速お願いいたしま～す。はい、どうぞ。

はるよ　何て頑固な子猫なんでしょうか。5階の私の部屋に連れてきてから2日間もピアノの下から出てきません。私は、ピアノの下で死んでしまうのかと思って心配で、家もあけられませんでしたが、そうもいきませんのでとうとう3日目、ミルクと餌、砂場をピアノの横に置いて出かけました。タンゴの母親は近所のおじさんのところだと聞いていましたので、そこにお伺いしました。「黒い子猫をいただいていいですか」と尋ねると、「助かりますよ。毎回毎回、子猫を5、6匹も産むんでね、困ってるんですよ」「ええっ？　母親はどうしたんですか」「それが病院に連れていこうと思うと噛むの、ひっかくの、で捕まえられないんですよ。もともと母親も野良猫ですからね。餌をやってるうちになついちゃって、食べ終わると、また出かけて行ってしまうんですよ。その猫だって2ヶ月以前に縁の下で産んだんですけどね。その5匹の中の1匹ですよ。3匹は母親を追いかけて出てきたところをカラスに食べられちゃって、白いのと黒いのが残ったと思っていたら、2匹ともいなくなっちゃったんですよ。生まれて目があくと、ちっちゃくてもカッと歯をむきますからねえ。猫なんて飼い猫以外は怖いですよ。今、気まぐれな母親が軒先に、塀の上に乗っていますから、見てみますか」と言われて、私も興味津々で塀の上を見てみました。

なんとかわいい猫なんでしょう。真っ白いペルシャとチンチラのミックスとやらで、すばらしい美人なんですよ。こんな美人猫なら毎回赤ちゃんができちゃうんだな、ちょっとそんな気でそばに行ってみると、すごい勢いで威嚇されました。

私はがっかりして家《うち》に帰りましたけど、まあ、二代目は優性遺伝できっといい猫が育つはずだと、タンゴに期待して信じて家に帰りました。家のドアをあけると、ちらっと黒いものが走りました。おしっこをして、餌を食べて、私の机の下でじっとこっちをにらんでるじゃありませんか。何て勇敢なかわいい猫なんでしょう。母親は青い目をしていました。この猫も青い目をしています。そして、それから私とタンゴのけんかが始まるんですよ。

——フフフ、なるほどねえ。そうですか。いやいや、いやいや、ある程度、気持ちと気持ちの戦いですもんね。

はるよ　そうなんです。なかなか……。

——忍耐が要りますね。

はるよ　ええ、頑固でね、聞かないんですよ、ええ。

3話🐾脱走

——タンゴとの出会いや生い立ちを話していただいて、今日はタンゴの？

はるよ　ええ、タンゴの脱走。

――　ワッ、ハハハ。

はるよ　脱走されちゃったんです。

――　そうですか。じゃ、そんなエピソードを早速にお願いいたしましょう。どうぞ。

はるよ　はい、大分慣れてきて、隠れんぼしたり、私と少し遊んでくれるようになってきました。3週間くらいたったでしょうか。帰ってみると、呼んでも出てくるはずのタンゴがいないんです。夢中で探しました。ばか力でテーブルを動かしたり、部屋の隅々までくまなく探しました。出ていくとしたら、窓か郵便受けしかないんだけど、窓は閉まっているし……。

ああ、そうか、ちっちゃいから頭が入ったら郵便受けから出ていく可能性があるかもしれない。部屋中探したものの、諦めきれず、外に出ていって黒い猫を見つけると追っかけまわして、3時間くらい、くたくたになるまでタンゴの名前を呼んで探しました。とうとうくたびれてノビてしまいまして、私も家《うち》へ帰ってきて座り込んでしまいました。

しばらくすると、ニャアニャアと子猫の鳴き声が聞こえるじゃないですか。

これは幻聴かな？　いや、タンゴは鳴けないはずだ。そう思いつつ、一応階段をそうっとおりていきました。そうすると、４階の私の部屋の真下で、タンゴはどう間違えたのかお座りをして、戸をひっかきながら鳴いてるではありませんか。私の顔を見てニャア、飛んできました。「タンゴちゃん、声が出るようになったんだ。よかったね」。

私はくたくたの足でタンゴを抱いて上に連れてきました。タンゴは勝手に餌を食べて、おしっこをして、ベッドの上に上がって寝ちゃいました。私もくたびれてすぐ寝ちゃいましたけど、このときに野良猫は布団の中に入ってこないんだなというのがよくわかりました。やっぱり怖いんですね。脱走は１回きり。それからはありませんでした。

――はあ、なるほどねえ～。そうですかぁ。

はるよ　もう信じられない細さなんですよ、その郵便受けは。

――あ、そこから出たんですか？

はるよ　そこから頭を突っ込んで出たんですね。

――うわぁ。すごい能力ですね、動物の。何といいますかね。

はるよ　外に出たって餌なんかないのにね。
――　そうですよね、ええ。
はるよ　やっぱりオスですから。
――　なるほど。
はるよ　ええ、そのまますぐに去勢させてもらいましたけど。
――　なるほどねえ。でも、いなくなったときは、それは心配ですよね。
はるよ　もうほんとに……。
――　真剣ですよね。
はるよ　ほんとに（笑）。守り猫がいなくなっちゃったんですから。
――　そうですよね。まあまあ、そういった、要するに愛情が深いと、真剣になりまして、我が身を忘れて探しますもんね。
はるよ　そうですね。

4話 猫会議

―― だんだんおもしろくなってまいりました。

はるよ そうですか、はい（笑）。

―― タンゴちゃんの生い立ちでございました。きょうは何ですか。

はるよ ええ、猫会議。

―― わあ、そうですか。ミーティングですね、猫の。

はるよ そうなんです。

猫会議って知ってますか？ って随分昔、いとこのノリコちゃんから言われたことを思い出しました。彼女は優秀なデザイナーで、私より3つ年上で、そのころのキャリアウーマンのはしりでした。ところが、結婚もしないで毎日毎日、猫の世話に明け暮れていました。朝と夕の水やり、餌やりで。そのときは、猫が会議なんかするわけないでしょ、ちょっとノリコちゃんおかしいんじゃないかな、と思っていました。ところが、見ちゃったんです、私。

夜、10時過ぎごろ、近道をしようと思って裏通りの駐車場で、車がなくなった広場に10匹ぐらいの猫たちが車座になっているではありませんか。何を話していたのかわかりませんが、横を通り過ぎようとしたら、その前にサアッと散ってしまいました。確かに、以前この道を歩いたときに、カラスが猫をいじめていたのを思い出しました。きっとカラスよけの会議でもしていたのでしょう。

そして、そのうち私は、私の親友の照江《てるえ》ちゃんがミーちゃんという猫を飼っていましたので、「猫会議知ってる? やるんだよ、猫会議」って言ったら、「そんなことはしません、うちの猫は」と言われました。ところが、彼女も1ヶ月ぐらいたったころ、ミーちゃんが車座になってる猫のところにいたのを目撃したそうなんです。「ミーちゃん、何やってるの?」と声をかけたら、ミーちゃんは走って逃げていったそうです。フリフリのついた首輪をしていますから、一見してすぐに間違いなくミーちゃんだとわかります。

ところが、その照江ちゃんは大変な呑んべえで、寝る前には必ず枕元に水を置いて寝るそうですが、夜中に喉が渇いて水を飲んだら、何か砂のような感じがしたと。おかしいなと思って電気をつけてみたら、砂があったそうです。ミーちゃんが慌てて帰ってきて、砂で手を洗って水を飲んだわけです。皆さん、猫を飼ってる人は、枕元の水には必ずふたをしてくださいね。猫が飲みますよ。

——なるほど。ははあ~そういうこと……。

はるよ　不思議なんですよね。これで猫会議を見た人が3人いるわけです。猫が会議をするという証人なんです。

——猫会議ねぇ。夜、車座になって。

はるよ　ええ。カラスがもう寝静まったころにやっている。

——うわぁ~楽しい。それで、帰ってきて水を飲む……。

はるよ　帰ってきて、そのミーちゃんはコップの水を手を洗いながら飲む。それを私の親友は、ガバガバッと飲んでしまった(笑)。

——楽しいねえ~。いやいやいや、ますます楽しくなりました。

5話 筋肉隆々

――　さあ、タンゴちゃんの話ですね。

はるよ　はい、黒い猫のタンゴですね。丸々太って8キロまで育ったタンゴちゃんの話。

――　あらっ。

はるよ　生まれて3ヶ月の脱走以来、よっぽど懲りたのか、家の中を縄張りとして、夜中は貫禄づけの筋肉づくりらしく、猛スピードで走りまわり、眠たい私を起こしてしまいますし、自分が遊びたいときは、私の様子をうかがって、戸の間から手を出して隠れんぼの催促をしたり、またそれに乗って猫を追っかけまわしたり追いかけられたりしてる私も、端から見たらばかみたいだと思いますね。

朝はおしっこの始末、餌の時間がおくれると猫パンチで頬をたたき、それでも起きないと、どういうわけか鼻をなめるんですよ。一度は飲み過ぎで起きられなかったとき、鼻が真っ赤になってしまいました。痛いんですよ、猫の舌は。

―― そうです、ざらざらしてね。

はるよ ええ。もう6歳のころには8キロになりまして、ちょっとした黒ヒョウの子どもみたいになってきまして、みんな来る人がびっくりしてました。来客があると、まっすぐ奥のほうに行ってお座りをして、まるで何でも理解してるような彼氏みたいになってきたんですよ。

―― ふーん、なるほど。

はるよ たまにはテーブルの上にあるアジなどをちょっと爪でひっかけたりしますけど、そういうときには、目が合うと、まるで悪かったぁというような顔して下向くんですよ。

―― アハハハハハ。

はるよ これはしょうがないと思って、お皿にほぐしてやると、食べないんですよ。それでも食べないんで、ああ、これは怒ったからだななんて思って、悪かったと反省してますと、いつの間にかそのお皿の中のアジは消えていました。

―― ふーん。

はるよ　何しろ利口な猫です。

――　なるほど。ねえ～。やっぱり、人間の気持ちを察するんでしょうね。

はるよ　ええ。犬もアイコンタクトしますけど、うちのタンゴちゃんは完全にアイコンタクトしますね。

――　目をちらっと見て。

はるよ　見て、こうだぞ、ああだぞと。

――　指示を送ったり。遊ぶだけじゃなくて。

はるよ　フッフフフ、もう大変なんですよ。

――　そうなんですか。体重が8キロ？

はるよ　8キロになっちゃってね。でも、それがね、やっぱりデブデブの猫じゃないから、夜中に自分で猛練習して走ってますから。

――　ああ、ずっと。

はるよ　だから、筋肉隆々で。

――　トレーニングしてるんですね。

はるよ　はい、トレーニングしているんです。

――　猫トレを。

はるよ　猫トレです（笑）。ほんとに。

――　そうですか。へえ〜、びっくりしましたね。

はるよ　すばらしく大きくなってね、かっこいいんですよ。

――　あら、まあ。

はるよ　目が母親似で青ですしね。

6話　看病猫

はるよ　きょうはね、看病猫のタンゴのお話です。

――　へえ〜。

はるよ　平成2年の春、ちょうどタンゴが7歳のころです。私は、がんで大手術をしました。おなかの中の大変な量の切除で、生死をさまよい、1週間後ようやく目が覚めました。入院は2ヶ月、退院後もかかとが痛くて歩けずにはって歩いていました。退院の日、玄関でタンゴは待っていてくれたんです。ニャアニャア、ニャアニャア、私の邪魔にならないように寄り添ってくれます。私がいない間は、お手伝いさんが見てくれたんですけども何か心もち痩せたような気がしました。でも、体重はまだ8キロありました。

その後、3ヶ月間くらいは歩くこともようやくで、そんな生活が続きましたが、タンゴは私を守るように私のベッドの枕元に座り込みまして、誰かが玄関に来ると、真っ先にニャゴニャゴとすごい鳴き声をたてて表へ出ていきます。眠っていても、目が覚める状況です。

――なるほど。

はるよ　いつも私のそばを離れず、トイレに行くときもぴったりくっついて、トイレの前にタンゴのトイレがあるんですよ。私が出てくる前に自分の用も足して、いっときも私のそばから離れてないような顔するんですけども、ちゃんとした跡がありますからね。食べ物も私のベッドの横へ持ってきまして、一気に食べてまたベッドの枕元に戻ってきます。多分、自分の用は私が眠っている間にそっとやってたんだと思います。

帰宅してから外出できるようになるまでの間、その後も私のことを彼氏が心配してくれるような目でじっと見ていてくれました。時々毛づくろいをしてくれているんでしょうか、私の髪を猫ブラシで手ぐししてくれたりすることがありましたよ。

——　はあ〜あ。

はるよ　タンゴも安心したんでしょうか、このころはタンゴからたくさんの愛をもらいました。2年前に2人で話し合いをしたんです。生きて帰ってきたら守ってちょうだいねと。皆さん、ご存じですか。白い猫は福を招き、黒い猫は病気を治すということを。

——　あらあ、そんなことがあるんですか。

はるよ　そういうことなんです。

——　へえ〜、それは知らなかった。

はるよ　はい。白い猫ばっかり飼わないで、黒い猫も飼ってくださいね、ハハハ。

——なるほど。ああ、そうですか。初めて聞きました。まあ、心強いですね。
はるよ　ほんとにね、この猫には助けられました。
——なるほど。いやいやいや。彼氏は要りませんね。
はるよ　できませんよ、恐ろしくて（笑）。

7話　武士

——タンゴちゃんの物語でございます。きょうはどんなお話でしょうかね。
はるよ　タンゴは、本当の武士ですというお話。
——なるほど。
はるよ　猫はどんなときでも一騎討ちで、１匹に大勢でかかるようなひきょうなことはしません。だから、野良猫の寿命は平均３年くらいと言われて、赤ちゃんのときに失われる命もたくさんありますけども、1対1の勝負をするからだと、タンゴに聞いたことがあるような気がします。「うそもつけないし、へつらわないけれど、だけどちゃんと心の目で見てるんだよ」とタンゴが言うんですよ。

病気が治ってからしばらくして、私も体の心配もあって、まじめな青年を運転手として来てもらうことにしました。その青年は、別に猫が嫌いなわけではなかったのですが、タンゴがあまりにも大きくて、また利口で人間っぽいので苦手だったんですね。その青年は、家の事情もあって半年くらいで退社することになりました。

それから数年後、その青年が仕事の相談があるということで訪ねてきました。彼はいつもきちっと白いワイシャツを着ていたのですが、その日は白い半袖を着てたんで、ちょっと見ると左手首の上にひどい傷跡があるんです。「あれっ、どうしたのその傷」と言いましたら、彼はじっと考えて、「タンゴにやられたんです、これは」と言うんですよ。「えっ?!」と私もびっくりしまして、「タンゴがそんなことするわけないよ」と言ってしまいました。

「いや、僕が悪いんですよ。タンゴは、いつも僕をにらみつけたり、監視してるみたいだから、ママがいないときにタンゴに、おまえは生意気な猫だ、とたばこを吸いながらたばこの火をタンゴにつけるまねしたんですよ。そうしたら、タンゴがつけてもいないのに、歯をむいてうなったんですよ。僕は怖くなって、たばこの火をつける気はなかったのにつけちゃったんですね。そうしたらタンゴが壁から天井を走って思いきり私のシャツの上から爪をかけました。僕は怖くなってすぐ病院に治療に行って、背広で知らんぷりして帰ってきましたけれども、何も言わなかったんです。ただ、部屋に荷物を取りにいくときなど、にらまれると、ちょっと怖くなって行きにくくなったんです」。

私もびっくりしましたが、その後もタンゴがその青年と会っても知らんぷりしてるんです。一騎討ちに勝ったから、多分それで気がすんだんでしょう。

――なるほどねえ〜。そうか。

はるよ　猫って天井を走るんですね。見たことないんですけどね、天井を走るなんて。

――天井！　恐ろしいですね、それ、すごいですね。

はるよ　ちょっと怖いですね。

――　その青年もまあ……。

はるよ　よっぽどでしたね、これは。すごいあざが残ってました。

――　うわわあ。

はるよ　あのあざは取れないですね。

――　そうですか。でも、仲よくなるといいですけどね、その青年とね。

8話 トイプードルのラブちゃんの親に

――　タンゴちゃんのいろんな物語でございますけれども、今日はどのような？

はるよ　きょうは、タンゴがトイプードル、ラブちゃんの親になるというお話です。

――　ああ、えっ！？

はるよ　平成4年6月ごろ、友達からもらってほしいと言われていた黒のトイプードルがいや応なしに家に来ることになりました。でも、タンゴが9歳で、大きな猫なので危ないからやめてもらいたいと、かわいがってくれるところにあげてほしいと断ったものの、まあ一応連れてきてみるということになりました。名前はラブちゃんと決まっているということで、タンゴとラブとの変な、感心した、感心されないようなお見合いみたいなのが始まったんですけど、タンゴに「トイプードルの子どもが来ても大丈夫?」と前日話をしておきましたけども、対面させたらすぐラブちゃんは、タンゴのおなかの中にすっぽりと飛び込んでいっちゃったんです。

――あらっ!

はるよ　ラブちゃんはまだ生後45日でしたので、母親と同じ真っ黒なタンゴを見て安心したのかもしれません。

――あらぁ。

はるよ　何とタンゴも抱き抱えるように毛づくろいをして、なめてあげてるんです。多分タンゴはそのとき、こう思ったと思います。「黒いちっちゃな赤ちゃん、寂しいんだったら僕がママがわりになってあげるからね。僕は、赤ちゃんを絶対にいじめないから、ママ、このチビちゃんを置いてあげてよ」。タンゴの目は、そう言っていたんです。

それから、タンゴは忙しくなりました。ラブちゃんのお尻のお世話、餌を食べるように誘導して、そしていつもおなかの中にラブちゃんを抱えていました。ラブちゃんも、いつもタンゴの腕の中にいて、私が帰るとまるで親子のように連れ添って私を迎えてくれます。お尻を振って走り出すくせ、顔を洗うしぐさ、猫の特性をラブちゃんにちゃんと教えているんです。ラブのほうも、ちゃんと従って遊んでもらって走りまわって、お尻を振って走って、猫のように顔を洗っていました。私の守り猫の役目もちゃんとしてくれて、見送り、出迎えを、お座りをして送ってくれていました。いいでしょう、この猫と犬の親子は。

——へえ〜、そうですか。初対面でバチッと、こう。

はるよ　ええ。もう飛んでいっちゃって、猫のおなかの中に入っちゃった。

——スッといっちゃった。

はるよ　ええ。
――うわぁ～。
はるよ　私、ガバッといくんじゃないかと思って心配したんですけどね。
――ねえ、逆にね。
はるよ　前の日、話し合ったのがよかった。
――それがよかったんだ。なるほど。
はるよ　何でもわかる猫のタンゴちゃん。
――はるよさんとお話しして、話を聞いて、わかったよと。うん、任しときなさいって。
はるよ　そういうことですね。
――そういうこと（笑）。そうだよね。心配しなくてもいい、ちゃんと私が面倒みてあげるからと。
はるよ　まことに利口な猫でしたね。
――へえ～。びっくりしましたですね。

ヨークシャテリアのミミちゃん

一話 出会い

はるよ　随分古い話になりますけど、今から25年以上前なんで、年がばれちゃいますけどね。私の家にヨークシャテリアのミミちゃんというのがおりまして、私がちょっと酔っぱらって知り合いの犬屋さんから買ってきちゃったんですよ。

――　あ、そうですか。

はるよ　黒い犬が好きなのでね。ところが、うちにはトイプードルの夫婦がいましたもので、それがいじめるわけです、そのミミちゃんを。

――　あららららぁ。

はるよ　メスのほうが特にね、近づくなっていうふうに。そのころおなかに赤ちゃんができちゃってたもんですから。

――あ、なるほど、なるほど。

はるよ　そんなんでミミちゃんいじめられて、私が買ってきたのが悪いってみんなに言われるしね。だけど、買ってきちゃったものしょうがないしと思ってるところに、ちょうど吉原順次さんという武道の達人の方がいらして、うちの会社の名誉顧問で入っていただくことになったんです。その方は築地の警察の署長さんを長いことなさっていた方で、泣く子も黙るようなものすごい熱血漢の署長さん。剣道の達人で名誉7段ぐらいまでいった方なんですが、九州男児の固まりみたいな人だっていうのを聞いていました。その方が実は犬が好きで好きで好きでしようがなかったそうなんですが、官舎勤めなんで、結局、犬は飼えなかったんですね。その吉原さんが今回来てくださることになったので、ミミちゃんの話をしましたら、見に行っていいですかってことで、うちに見に来られました。それで、一目見て「何てかわいい犬なんだ。この世の中にこんなかわいい犬がいるなんて。目がクリクリして、よかったら私に譲ってもらえないか。幾らするんですか」と。「いや、お金の問題じゃない。貰ってってくださるんなら、ぜひぜひ差しあげます」ということになり、奥様のほうから丁寧な墨で書いた字で、「子どもたちが育ちましたんで、大切なお嬢さんを大事に預かります」なんていうお手紙までいただいて、何か恐縮しちゃいましてね。ミミちゃんはそのお宅でものすごくかわいがってもらいまして、会うたびにミミちゃん談義なんですよ。

——　ほう、なるほど。

はるよ　お酒飲む方なんでね、クサヤなんかお好きで、それをミミちゃんにやったら大変喜んだと。やっぱり本物を食べさせなくちゃって、八丈島の友達からクサヤを取り寄せて、それをミミちゃんに食べさせたり、寝るときも、電気毛布が嫌いなので、結局、眠ってから、寝息を聞いてから電気毛布にスイッチを入れるというほどのかわいがり方でね。

——　うわあ。何という気遣いよう！

はるよ　ほんとにかわいがられて、もう会うたびにミミちゃんの話ばっかりだったんですよ。

―― そうなのですか。でも、そこまで愛されるミミちゃんも幸せですね。

はるよ もう威張って、一番の大将になってたみたいです。

―― いいですねぇ〜。

2話 吉原さん

はるよ ミミちゃんの続きなんですけどね。吉原さんのところでは、九州の方ですから、女の子を〝おごじょ〟と言うらしいんですね。

―― あ、おごじょ。そうそう、そうそう。

はるよ 「こんなよかおごじょは見たことない」っておっしゃるので、「何ですか、それは」と言ったら、「要するに玄関に姿が遠くから見えただけで立ち歩きして、もう尻尾を振って迎えてくれる。こんなおごじょはいない」と。

――うわぁ〜。いない、いない。そらそうですよ、いませんよ。

はるよ　もう奥さんも、こりかたまっちゃってね、愛して、愛しちゃって、もうどうしようもないと。お嬢さんと息子さんがいらしたんですけど、息子さんも剣道7段で、親子7段で有名な方だったんですが、学校の教師をしてらして、それでミミちゃんに対しては、お嬢さんと二人とも「何かミミがいれば私たち要らないみたい」って。毎日散歩に行って、じっとミミちゃんの目をのぞき込んで褒めちぎるような具合だったようです。それで、うちに女性の専務がいるんですけど、その専務に電話してきて、ちょっと生理になったんだけど、私に言えば子どもできないようにしちゃえと言われるに決まってるから、内緒にしといてくれと。とてもとても、この子は汚《けが》すわけにいかない（笑）ということと、僕がガードするんだから絶対野良犬は来させないっていうようなことでね。

そういうかわいがりようで、もう家族みんなで大変な騒ぎをしてたらしいんですけど、それから数年たちまして、ある日、吉原さんが脳溢血でお倒れになったんです。お酒を1回に一升ぐらい飲む人でしたから。うちの会社も、じゃ、ちょっと病気治るまでということでやめられたんですけど、病気の間も心配だったので、退院したっていう話を聞いてお見舞いにと思ってね。稲毛のほうの人なんで……。

はるよ　――稲毛。ああ、千葉の。

ええ。それで家がわからないので、そのころまだなかったでしょ、タクシーにもその……。

はるよ　――ナビとかというやつですね。

車にナビがついてないころだったので、もう探しあぐねて……。犬の餌を買いに行けないいんじゃないかと思っていっぱいお土産の餌なんか持って、ようやくご自宅に伺ったら、錦鯉が泳いでるような立派なお家でした。

はるよ　――著名な方ですからね。

それで、庭があってすばらしいお家《うち》だったんですが、着くとワンワンワンという鳴き声が聞こえたので、あれはミミの声じゃないかなと思ったら、やっぱり覚えてくれてましてね。もう5年近くたってるのに、ほんとにすりすりしてくるんですよ。ああ、犬っていうのは利口だなって。私なんか、きょう会った人も忘れちゃうのに（笑）。

――犬よりもということですか。

はるよ　だめですよ。

――そんなことはないですけどね。

はるよ　犬の記憶力はすごいですね。

――犬は人につくといいますけどね。

はるよ　ええ、べったりでしたね。

――うれしいですね。

3話　吉原さん2

――ミミちゃんの話題でございますね。

はるよ　吉原さんのおうちにお伺いしたときに、普通、脳溢血で倒れて退院したら、幾らリハビリしてもなかなか回復は難しいと思いますが、まだ字は書けませんでしたが、あんなに元気になるものかと思うほどお元気になっておられました。半年くらいしかたってないのに、もう伝い歩きなさってて。吉原さんは「戦艦大和」に通信兵で乗ってた方なんですね。

――うわぁ、そうなんですか。

はるよ　ですから、気骨があるんですよ。一緒に飲むと、いつも人生論になって、食べられることは一番幸せなことだとおっしゃってました。水だけだった場合はどうだこうだってね、飲むとやっぱりこんな幸せな国はないというお話になり、それを今、僕はミミちゃんに返してるんだと。僕は、もうほんとに動物には一生懸命尽くすんだなんておっしゃってまして、ミミが散歩できないと足腰悪くなるからと。ミミももう相当年になってきてるんです、5、6歳なんですけども。だからミミのためにも自分の体を治すんだって。ほんとに奥さんがもうやめときなさいって言うくらいリハビリをなさって、少し歩けるようになってこられたのですが、「長谷川さんが来たんだからいっぱい飲もう」っておっしゃるから、「ちょっと勘弁してください」と（笑）。

──　そりゃそうですよね。

はるよ　急に飲んじゃうと、また倒れられたら困るからということで。それで、そうですね、それから2年くらい後に完全に歩けるようになられたんです。

──　はあ、そうですか。すごいですね。

はるよ　で、その後、私も何回かご連絡してましたが、奥様からちゃんと主人は歩いてますとか、お嬢さんのほうからも、元気ですからご心配なくというお返事をいただいておりました。時折、季節のものをお送りしたりなんかしてたんですけど、そういうお話を聞いてて、二、三年たってご本人から、長谷川さん、ぜひ会いたいと、来てくれないかっていうお話がありました。それで、おじゃましたんですけど、何か前の吉原さんと違って、ちょっとしょぼくれた感じで、もうほんとに下向いてるんですね。
それで、「どうしたんですか」と尋ねると、「女房が……」っておっしゃって、「奥様どうしたんですか」と聞くと、倒れたって。今入院してるということで、ミミちゃんは膝の上に乗っかって、これもまた下向いてるような感じでね。

ほんとに息子さん、娘さんが親孝行な方たちで、とっても息子さんを愛してたんですね、お母様も。来れば肩もんでもらったりしていたそうですが、その息子さんが2階のお掃除をしてて、落ちて亡くなっちゃったんです。

――　うわぁ。

はるよ　それで奥さんは1週間以上泣きっ放しで、御飯も食べないで、とうとう入院してしまったと。なので、ちょっと今の状況では……ミミの世話をどうしたものだろうかと。私に言われても……。

――　そうですよねぇ。

はるよ　ええ。そういうもう寂しいお話だったんです。

4話 ショック

――吉原さんの身に一遍に大きな変化が……。

はるよ　ええ、吉原さんの奥様が入院しちゃったんで、すごいショックで、それでお嬢さんが毎日来て御飯の支度をしてくれたりなんかするんだけど、やっぱり喉に通らないと。で、病院にお見舞いに行くと、奥さんは体は元気になったんだけど、完全な認知症になっちゃって……。

――ああ、そうですか。

はるよ　手を差し伸べると、通り過ぎていっちゃうと。

――ああ、知らない人だと思うんですね。

はるよ　知らない人だっていうような形で。それでまいっておられたんですけど、ミミちゃんがかわいいから、僕が倒れたらミミは死んでしまうと。ミミが生きてる間、僕は生きてるよって。そういうお話を一生懸命お嬢さんにしてたらしいんですよ。私もそのころちょっと体調を壊してたものですから、電話でしかお話しできてないのですけど、何しろそういう状況で、急にミミちゃんの長い毛が白髪になってきたとか、お嬢さんが言うんですよ。だから、そういえばもう10歳になるよねと、10歳越したら白髪になるのよって言ったのですが、お母さんが入院していなくなったショックが影響しているのかもしれません……。

――　あるでしょう、それは。

はるよ　ええ。お母さんから手で食べさせてもらってた、そのお母さんがいなくなっちゃったのですからね。そして、片一方もガクッとしちゃって御飯も食べないというようなことですから、やっぱり犬のほうも相当の衝撃を受けたらしくて……。

――　そうですよね。

はるよ　ええ。でも、お嬢さんもいらっしゃることだし。ただ、お嬢さんの旦那さんも交通事故で亡くなってるんですよ。だから、吉原さんは、僕は何を悪いことしたんだろうって、一生懸命働いてきたのにって。娘の婿さんいなくなったけれど、息子が1人いたんでね、その子のために働きたいというお話をなさってて、そしたら今度そのおぼっちゃんが亡くなっちゃったんで。それで奥様の認知はもう治らないというようなことになっちゃって、相当いいところへお入れになってたみたいらしいんですけども。それから人の噂で、どうも吉原さん、病気らしいみたいな話を聞いたので、また家を訪ねてみたんです。行ってみたら、家《うち》の周りにはちゃんと水車も回ってるし、錦鯉も泳いでるんで、まあお出かけされてるのかなとかいうふうな……。

はるよ　――思いますよね。

見たら、池の横に、家《うち》の中でミミちゃんが気に入って入ってたちっちゃなハウスが置いてあって、胴輪とかミミちゃんのものが全部その池の横に置いてあるんですよ。

はるよ　――あらぁ〜。

あっ、これはミミちゃん亡くなったのかなと思いまして、2時間ぐらい待ってみたんですけどね、帰ってこないんで、その日は一応帰宅したんですけど。

はるよ　――うわぁ〜。先がまた心配ですねえ。

ミミちゃん、亡くなっちゃったんです。

5話　お別れ

――　さあ、大変なとこなんですけども。

はるよ　もう、そういうことで2時間待っても連絡がない。私は、近所に聞き回ったんですよ。

――　そうですか。

はるよ　「吉原さんの家《うち》どうなりました？」って尋ねると、「救急車で運ばれたらしいですよ」って、そこまでは突きとめたんですね。それで、吉原さんは警察学校の学長さんしてらしたのでね、その生徒さんやいろんなところに尋ねました。そうこうしているうちに、高輪警察の署長をしてた松井茂さんという方がおられたのですが、話がそれますが大変歌がうまい方でね。

――　ああ、そうなんですか。歌が好きなんだ。

はるよ　何しろ歌いたい、歌いたいという人で、私も1回行事に呼ばれて歌ったことありました。この方は先々うちの顧問になってくれたのですが、そちらのほうに頼みに行きまして、吉原さんの居場所がわからないので、とにかく警察で調べてくれと。お嬢さんの家は聞いてなかったんですよ。顔を合わせてても、どこに住んでるんですかと連絡場所も聞いてない。

その後、ようやく見つかりました。脳溢血で倒れて、手術しなきゃいけないというようなことでちょっと遠いところの病院に運ばれてたんですね。それで、ようやく見つかったというのですぐにお目にかかりに行ったんですけど、ずっと点滴して眠ってらっしゃる状況でした。でも、「吉原さん、吉原さん」と何回か叫んでるうちに、ぱっちり目をあけて私を見てくれたんですよ。けれど、また閉じられたので、お嬢さん、連絡くださいと私はそこへメモを残してきました。そしたら、すぐ電話かかってきまして、父はその翌日息を引き取りましたと。「いや、実は目をあいたんですよ」と言ったら、「1週間目をあいたことなかった。多分、長谷川さんに、ミミちゃんが死んだことを伝えたかったんだと思う」と。

なるほど。

はるよ　「だから、もううちの父は全然寂しくないですよ。ミミちゃんところへ行きましたからね。私たちはミミが亡くなってからの父の失望する姿は、もうとても胸が痛かったんで、ミミちゃんとこへ行ったんで、盛大にミミちゃんとお父さんのお葬式はやらせてもらいます」と言われたんです。私、そのころ熱出しちゃいましてね、お葬式に出席できなかったんですけど、とっても優しいファミリーで、写真を飾って一緒にミミちゃんのお葬式もやってくれたそうです。

はるよ——うれしいですよねえ。

——とっても愛されましたね。

ミミちゃんをかわいがられたそのご主人の愛情の深さに感動させられました。ミミちゃんは幸せもの、この物語の主人公ですね。

リンタンとジョンジョン

1話 リンタン

はるよ　うちにいる2匹の、リンタンと、それからジョンジョンのお話をしたいと思うんですけども。２人とも変な名前だと思うんですけどね（笑）。

――そうですね。

はるよ　最初に、このリンタンを紹介したいと思います。
茨城の水戸に私の兄がおりまして、夫婦で住んでまして、また無類の犬好きなんです。それで水戸のうちに遊びに行くと、柴犬で、家の側に立派な小屋があるのにたまにしか入らず、うちの中にもリードをつけたまま入ってこられるように長いリードをつけてましてね、これじゃ、外なのか内なのかわかんないと。ちゃんと入ってくるときに玄関で足を拭くというんですよ。

――自分でですか？

はるよ　雑巾のところで拭くんですって。それで入ってくるから大丈夫だと言うけど、どうも私は、これはかわいがり過ぎじゃないかなと思ってたんですけども。その犬が14歳で亡くなったんですけどね、その犬が死ぬときに、めいっぱいリードを引っ張って、うちの兄の背中に抱きついて死んだと言うんです。これまたショックでね。

――そうですね。

はるよ　兄が相当落ち込んでたもんですから、だったら、ちっちゃい犬でも買ってあげれば喜ぶんじゃないかと思って、私もペット屋さんに探しに行きました。ペットロスになるのは怖いのでね。そうしましたら、最初のペット屋さんで、真っ黒い真ん丸の目をした、真っ白いポメラニアンの子がいたんですよ。私を連れていきなさいよとばかりに、この子犬がかわいい目で私を追いかけますもんですからね、店員さんが、「この子犬はかわいいだけじゃないですよ。

個性が強いんですよ」って言われましてね。生まれてまだ45日くらいで、赤ちゃんの個性が店員さんにわかるのかななんて思いましたが、もう、そのときには、私のうちに連れてきてた状況なんですよ。

それがメス犬だったのですが、うちの兄は絶対メスは飼わないんですよ。どういうわけか、男の子がいいということで。

それで、ちょうどドーベルマンのリンちゃんが亡くなった後だものですから、その子にリンて名前をつけたんです。そしたら、その後にタンゴちゃんという猫が亡くなりまして、それで、リンタンに（笑）。

——なるほど。

はるよ　名前を2つくっつけて。

——名前の由来が面白いですね。

はるよ　リンタンという名前になりまして。それで、この子が大変おちゃめで、また、おもしろい面を持った犬なんで、ゆっくり、またご紹介したいと思います。

2話 リンタン2

はるよ　リンタンはポメラニアンのメスだったもんですから、兄のところに連れていくことができなくなりました。その当時、まだトイプードルのボスちゃんとアイちゃんが生きておりまして、そっちに入れるとまだちっちゃいんでと思って、部屋を別のところに、きちっと柵をして、そこにそのチビちゃんを入れることにしたんですね。そのとき個性の強いということがわかったのですが、柵の戸を閉めようとすると、足をピッと出すんですよ。

――ピッと。

はるよ　それで、閉めたら足がけがするよというような顔して見るんですね。足を中に入れると、また今度右足をピャッと出すんですよ。

――あらら。

はるよ　何しろ入れるなと、やだと。それを主張するもんで、仕方なくアイちゃんとボスちゃんのいる部屋に連れてきましたら、もうそのころはボスちゃん相当弱ってたんですけど。アイも年は年だったんですけども、懐のところへ入ってきたら、やっぱりメスなもんですからかわいがって。リンタンは、だんだんおしっこも何も自分でできるようになって、小さいくせに一番偉そうにしてました。不思議なもので、前のトイプードルがやっぱりポメラニアンのリンタンにも教えるんですね。するとそのとおり、ちゃんと猫のまねもして、顔も洗うし、お尻を振って走るし、それから忍び足もしますしね、このポメラニアンがだんだん猫化してきちゃったんですよ。ボスちゃんが、その年の9月9日に亡くなって、その後、追っかけるように1年後にアイちゃんが亡くなったんで、ボスちゃんの亡くなったときに、うちの姉がもう本当にペットロスになりましてね。じゃ、これはもう、このわがままな犬は預けたほうが……御飯も食べさせないと食べないんですよ。自分が一番じゃないとだめなんですね。ちびすけのくせにそういう犬なもんでね。

うちの姉にそれを預けましたら、手間かかるもんですから、しょうがない。追っかけまわして、おしっことったり、御飯食べさせたりで、姉も大変元気になってきまして、リンタンは本当に最高に幸せな日々を送ることになっていくんです。

ジョンジョンという、さっきお話ししました犬ですが、これはなぜここにいるかというと、これは兄のところにあげようと思ったオスのトイプードル。それで、またこのジョンジョンちゃんにもいろんな性格がありまして（笑）。

――みんな個性が強い。

はるよ　では、次の回では、この犬の名前がなぜジョンジョンになったかというお話を。

――それは、楽しみでございますね。

3話 ジョンジョン

――きょうは名前の由来のお話とか伺ってます。


はるよ　そうなんです。兄のところへと思って女の子をつれてきちゃったもんですから、やっぱり男の子を探しにいくことになったんです。

そのころ東日本大震災が起きまして、水戸の兄の家が半壊してしまったんです。犬はいなくなる、家《うち》は壊れるで、東京の私の家のそばに兄夫婦は越してきたものですから、ああ、これだったら私も見てもあげられると思って、それでトイプードルを探しにいって見つけたのがジョンジョンなんです。台風で雨のすごく強い日曜日で、2、3軒ペット屋さん歩きましたら、その中に目のはっきりしたトイプードルを見つけたんですね。これは、きかん坊そうで、男の子だから喜んでくれると思いまして、またすぐそれをいただいてきましたんです。

すぐに兄のところへそのトイプードルを連れていきましたら、姉も大変喜んでくれました。ただ、こんなちっちゃな犬はどうして育てたらいいんだろうと、大型しか飼ったことないんでということだったんですけど。まあ、私が行かないほうがしつけるにはちょうどいいと思って、3週間くらいは顔出さないようにしてたんです。すると、それが大変で、私が3週間ぐらいして行きましたら、テーブルの上で御飯食べさせてるんですよ。

――うわわわわ。

はるよ　それで、兄には飛びかかるし、そこでもうボスになっちゃってるんですよ。

――一番トップになっちゃった。

はるよ　ええ。それで、お姉さんも、こんなちっちゃいからかわいそうだって怒らないから、おしっこはし放題。

――うわぁ。

はるよ　もうね、私が怒ると歯をむいて怒るんですよ、ちびすけのくせにグーッと言って。

そのうちに、兄が水頭症という病気でちょっと歩けなくなりまして、入院するということになったもんですから、姉が兄の付き添いに行くということで、私が仕方なくこの犬を引き取ることになったんです。前にいた兄のところの柴犬がジョンていいましたので、この犬は二代目だからということでジョンジョンという名前になったんです。

——なるほど。

はるよ　もう、リンタンやジョンジョンでややこしいんですけども。病院に連れていっても「リンタンさん」と言うと、みんな振りかえるし、「ジョンジョンさん」と言っても振りかえる、名前を呼ばれると（笑）。

それで、やっぱり両方とも個性が強くて、リンタンはポメラニアンでトイプードルとは犬種が違うんですけども、リンタンは2歳上ですから、ジョンジョンがリンタンのおっぱいのところに来ると、いい子いい子してたんですよ。結構仲よく育っていきました。

——そうなんですか。

はるよ　まあ、その後、またちょっと大変なことが起きまして（笑）。

——大変、楽しみだ。わんちゃんってすごいんですね、性格があって。

はるよ　やっぱりそれぞれ全然違いますね。

4話 ジョンジョン2

――　楽しいお話の続きですが。

はるよ　あれから、仲よく2人で住んでいます。どっちかというと、リンタンがリードをして、おいでおいでということで遊んであげてたんですけど、そのうち、ある夜、姉が「ジョンジョンちゃんが大変だ」と飛んできましてね。やっぱり怖いんで、ジョンジョンちゃんのことは姉もさわれないいんですよ、ちっこいくせにワッてなるから。

――　ああ、そうかそうか。

はるよ　それで、リンタンが2度目の生理になり始めたころだったと思うんですけど、まだ半年前のジョンジョンが、リンタンを押さえつけてるんですよ。

――　あらららら。

はるよ　それで、姉はジョンジョンが怖いんでさわれない。

―― 手、出せないですもんね。

はるよ どうにかしてくれということで、私が強引にジョンジョンを抱き上げて自分の部屋に連れてって、姉は、もう悪いけど預かれないわよと（笑）。この子は、私は嫌だと。

―― 手に負えない。

はるよ もう、リンタンがかわいそうだということで、しょうがないから先生のとこにジョンジョンを去勢してほしいと連れていったんですよ。先生が、まだ4ヶ月なのにね、ちょっとかわいそうだけど、体も大きく太ってきてるから、まあいいでしょうと。本当は、もうちょっと、6ヶ月過ぎが理想だけどもということで、それは引き受けてくれたんですけども。

ただ、少し時間を置いたら一度ちょっと調べさせてもらいたいことがあると先生のほうからおっしゃるんですね。ちょっと歯が、乳歯、ダブル生えしてきてたんですよ、臼歯が結局、生えてきたのが古い歯と二重になってるのでそのことだろうなと思って、ただ、水の飲み方もちょっとおかしいなとは思ってたんですけど。

それで、ちょっと元気になったので先生のところに連れていきましたら、麻酔をかけて細胞を調べたいということでした。そしたら、舌がんだったんです。増殖性何とかというね。

――あらぁ。

はるよ　珍しいがんだということがわかりました。京都のほうの専門の病院に細胞を送って3週間後に先生から言われて、通知書と結果の表も全部見せられて、こういうことですと。これは手術しないと、どんどん増殖していくので死んでしまうということで、ああ、多分この子はもうこれで寿命なんだろうと私も思いましてね。お金がかかっても仕方がないかと。舌は、犬にとっては水を飲む道具でもあるし、命のもとなのでよろしくお願いしますと。舌の奥のほうの腫瘍ですから、歯も11本抜かれまして、大変な思いをしました。私が引き取るまでの間2ヶ月の入院なのに、1年以上に感じましたけども。引き取ったときには、ジョンジョンは痩せこけて、目だけぎらぎらして、怖い顔してました。

――大変でしたよね。

5話　ジョンジョン3

はるよ　ちょうど6月の26日でジョンジョンちゃんは6歳にはなったんですけどね、引き取ったときには、何しろ目だけギラギラで、もうお尻の骨もゴリゴリ出てて……。

――　ガリガリだった。

はるよ　ええ。それですごい凶暴な顔してましてね、帰ってきても、多分1ヶ月はもたないんじゃないかと、死に場所として帰ってきたのかなと思いました。歯もないですしね。薬をこれとこれを飲ませてくださいって言われたんで、もうほんとにタラタラのような食事を食べさせてると、そのない歯なのに、ガッとかむんですよ。喉の中へ、奥へ入れてやらなきゃならないんで、何回かかまれまして、そのうち根負けしたのか、愛情を感じてきたのか、徐々にかまなくなってきましてね。

――あ～あ、なるほど。

はるよ　それで、喉見せてちょうだいと言うと、だんだんと指突っ込んでも喉の奥を見せてくれるようになってきて、周りに隊員（職員）もいましたから、隊員たちがこの子犬も助けようということで、一生懸命煮干しをかんでとろとろにして食べさせてやったり、それから酒の肴《さかな》のつまみで買ってきた焼き魚を、自分たちはちょっとだけ食べて与えたり……。

――うわぁ、なるほど。

はるよ　もう魚通になっちゃったんです、ジョンジョンが。魚のにおいには敏感になっちゃいまして、だんだんよくなってきたんですけど、やっぱりそれまでに相当抗生物質を投与されたと思うので、肝臓の値がものすごく悪くなってましてね。

――肝機能もですか。

はるよ　ええ。ただ、その肝臓の薬を飲むと戻すんですよ。それで、もうそれを拒否するようになって、その薬だけは絶対飲まないんです。やっぱり人間と違って犬は、これは飲んじゃいけないというのはわかるんじゃないでしょうかね。

もう完全な拒否反応。あの肝臓の薬を飲んでたら、正直言って悪くなってたかもしれないですけど。

――逆にね。

はるよ　もう4年たって、今は正常な肝臓なんですよ。だから、体力と一緒に自分で治したんですね。

――わあ、すごいですね。

はるよ　そういう意味では、私たち人間なんかよりも、犬のほうが……。

――もう直感というか、体で覚えるんでしょうね。

はるよ　ええ。もう今はぶくぶくですよ。

――ああ、そうですか（笑）。そうですか。

はるよ　運動しないから。

――ああ、なるほど。でも、よくそこまでね。

はるよ　はい、もう。

――はあ～。要するに動物の回復力と、何といいますか、勘といいますかね、あるんでしょうね。

6話 リンタンとジョンジョン

――ジョンジョンの回復力にびっくりしましたですけども。

はるよ　ただ、やっぱりねえ、大きな病気した犬っていうのは、歯も11本ないわけですしね。それで、リンタンもいますから、くわえると横からピッと持っていかれちゃうんですね。なので食事もやっぱりやわらかいものをやって、インゲンをたたいてゆでてから細かくして、それから牛肉をやっぱりあまり脂のないところを軽くゆでてたたいて、それでたたきにしてね、食べてるわけです、ジョンジョンは。

――ほぅお。

はるよ　リンタンは鶏肉のササミが好きなんですよ。でも時々ね、ジョンジョンのを取ろうとするわけです、リンタンがね。だけども、かわいそうだなと思うのか、途中で立ちどまって……。

はるよ　わかるんだろうねぇ。

――　ええ。それで、自分のほうの餌に誘うわけです、鶏肉のほうに。だけど、やっぱり牛肉のほうがおいしいんでしょうね、犬は。ハハハハ。

はるよ　あ、やっぱり。嗜好があるでしょうから。

――　考えてみると、私たちよりよっぽどいい生活をしてますね。冬場はインゲン高いですからね。

はるよ　高いですよね、ほんとにね。

――　結構、食べ物なんかもね、やっぱりリンタンのほうが2歳上ですから、最悪の場合には譲って、自分のを食べたいというときには食べさせてますね。

はるよ　はぁあ。

――　だから、そういう意味ではけんかは一度もしたことはないです。

はるよ　あ、そうなんですか。

――　時々、ジョンジョンのほうがまつわりついて、遊べ、遊べっていくと、ほんとにリンタンのほうは、ウーッとちっちゃい声でうなって、鼻の頭にかわいいしわを寄せるんですよ。ハハハハ。そうするとね、ジョンジョンはおとなしくして、やっぱりその場から逃げていきますからね、ボス権利はやっぱりリンタンのほうが……。

——　リンタンのほうがあるんだ。

はるよ　ええ、上ですね。

——　はあ～。鼻の頭に、こうしわ寄せるんですね。

はるよ　寄せるんですよ。

——　目に浮かびますね。

はるよ　ポメラニアンがこんなとこにしわ寄せたって、怖くも何ともない。

——　確かに。

はるよ　でも、やっぱり、私は怒ってんだぞというところをね。時々、鼻と鼻をくっつけて話し合いみたいにしてるんで、ちょっと目が会うとぱっと離れるのは、あれは何なんでしょうね。

——　目が会うと?

はるよ　私と目が会うと、全然話をしてないよみたいな感じで……。

―― しらばっくれる。

はるよ　しらばくれちゃうんですけどね。

―― そうですか。ハハハハハ。

はるよ　だから、やっぱり何かしら……。

―― 関係があるんですね、やっぱり。

はるよ　あるんですね。

―― 意思関係があるんですね。

はるよ　絶対ありますね。

―― はあ〜。

はるよ　この子たちの餌係はね、うちの姉が4ヶ月でジョンジョンを去勢してしまったので、責任を感じて、今、姉が1人で2匹を引き受けてます。

―― もうぴったりついて。

はるよ　大変ですよ、毎日。

――　そうですか。まあまあ。でも、何かほほえましい感じが目に浮かびますけど。

はるよ　とってもかわいいです。

7話　ランクづけ

――　リンタンとジョンジョンのお話の続きでございますね。

はるよ　何しろね、話し出すと切りがないくらいおもしろいんですよ。私と姉、5つ違うんですけど、姉は耳がちょっと遠いもんですからね、私が大きい声で話しかけると、今まで抱いてたジョンジョンが向こう方につくんですよ。パッと2匹そろってこっち向くんですよ。

――　パッと。あ、そうなんですか。

はるよ　それで、ウーとかワンワンとかね、私ね、ずっと大型犬飼ってたんで、このちびすけめと思うんだけどね、姉が溺愛してるもんですから、パシンとはできないんですけどね。

――　あ、そうか。

はるよ　もうね、何でうちのボスをいじめるんだと。

――　いじめるんだ、そういうふうに感じるわけね。

はるよ　私が姉に全く聞こえないんだからと大きい声で話しをすると、もう2匹で向こうへ並んでね、私に攻撃態勢をとるんです。

――　あ、そうですか。

はるよ　かわいくないんですよ。

――　あららら。

はるよ　ほんとにもう。ですから、そういう意味では、完全にボスが姉で、その次がリンタンで、その次がジョンジョンで、私が一番下。下なんです。

――　ランクづけされてるんですね。

はるよ　そうなんです。

ガムっていって、先生からいただいてる歯のガムみたいなのがありましてね、とってもおいしいらしいんですね、犬にとっては。出かけるときは必ずそれをよこしなさいと。2匹そろって要求します。私が出かけようとすると、ガムのあるところへ連れていくんですね。

――これをよこしなさいと。

はるよ　夜の8時になると、寝る前に牛乳を用意してください、と。姉には言わないんですよ。私が何してようが、お風呂に入って出てきたばっかりだろうが、何しようが、8時ぴったんこですよ、これは。

――あらぁ～。

はるよ　時間がわかるんです、夜の8時。

――ほう。

はるよ　すっかり忘れてると、最初のほうはウーッと言って、そのうちワンワンワンワンワンとやるんですよ。

――早くくれって。

はるよ　何なんだっていうと、「ほら、忘れてるの、あんたは」って。「ちゃんとやらなきゃならないことがあるでしょ」。って。私が自分の残り少ない牛乳でもちゃんとやって、そのガムをちゃんと切って食べさせて、それが終わらないと儀式が終わらないわけなんですね。

――それははるよさんの役目なの。

はるよ　そのガムの係は私なんです。

――お姉さんじゃないわけ。

はるよ　その役目は姉ではないんです。寝るときは、2匹とも姉の布団で寝てるんですが、私と目なんか会うと、悪そうにジョンジョンがちょっと飛んできて、私にチューして、またすぐお姉ちゃんのとこへ。

――（笑）愛想よくして……。

はるよ　ただ、私は寝相が悪いんですよ、とっても。だから、布団ごと落っことされる可能性があるんで……。

――わかってるんだ。

はるよ　何回かやられてる。

――そういう目に遭ってんのね。

はるよ　遭ってるんですよ。それだから、図らずも姉のところへ行って、2匹で、リンタンは頭のほう、ジョンちゃんは足元に……。

——決まってる。

はるよ　決まってるんです。上はいけないんです。

——なるほど。うわぁ。ちゃんと規律があるのね。

はるよ　あるんですよ（笑）。

——大変だ。でも、楽しいなあ。

8話 困ること

はるよ　うちのリンタン、ジョンジョンの一番困ることは、リンタンのほうは、ほんとにぶりっ子なんでね、病院に行っても、病院長さんも、「こんなにいい子はいませんよ」って言われるくらい、カットするのも何もほんとに抵抗しないらしいんです。

――外づらがいいんですね。

はるよ　ものすごいいいんです。ところが、ジョンジョンのほうは、やっぱりいまだに、熱が出て、喉がはれて、喉の通りが悪くなるので、月に1週間くらい抗生物質をスポイドで飲ませてるんですが、それでも熱が下がらないときは病院に連れていって抗生剤打ってもらうんですけど、「この状況じゃ、もう3日くらい入院させてください」って先生に言われて、入院させると、自傷っていうんですか、自傷行為で鼻を鉄柵にくっつけて、大事な鼻に傷をつける。早く出せということで、決して吠えないけれどわざと自分で傷をつけるんです。手術でさんざ懲りてるもんだから。

――　ああ、そうか。覚えてるんだ。

はるよ　だから、自分はここにいるわけにいかないということで、迎えに行くところには、鼻がぐじゅぐじゅで血だらけになる。鼻っていうのは、犬のほんとに大事なところですのに。

――　嗅覚ですからね。

はるよ　嗅覚のポイントなんですけども。だから、先生が「とても預かれない。手術のときは別にして、今は点滴終わったら遅くても連れて帰ってください」と。そういうくせがありましてね、ひどくても結局、入院はできない。

――　なるほど。

はるよ　その根性たるや半端じゃなくて、ハハハハ。

――　気丈なんですね、そういう意味では。

はるよ　困るのは白い洋服を着てきた人、やっぱり攻撃的になりますね。

――　ああ、白衣。

はるよ　病院の白衣が……。

――　白衣に対して。

はるよ　そのときの経験がダブるんだと思うんですけども。

――　ああ、なるほど。

はるよ　それから、犬はほら、首の後ろ、触ると気持ちいいじゃないですか。普通は喜ぶんですがジョンジョンは、首を触ると、やっぱり何かやられると思って。何人かがガバッとやられて、ちょっと血を出した人もいました。だから、この犬には構わないでくださいと知人には伝えています。

散歩をさせないとぶくぶく太っちゃうもんですから、ある日、近所にちっちゃな公園があるので、少し散歩させたいと思ってそこへ綱をつけて連れていったら、ちょうどそのときに、朝早かったんですけど、トイプードルの一段上のプードルにちょっと襲われましてね。それっきり絶対外に出なくなっちゃいました。

――　うわぁ、かわいそうに。

はるよ　もう階段のところで待ってても、エレベーターに乗って上に上がっちゃうんですよ。ほかの人が乗るときに行っちゃうので（笑）、慌てて……。

――そうですか。
はるよ　全然散歩しないの。
――なるほどね。

いとこのノリコちゃん　―ちょっと妙な怖い話

はるよ　きょうはちょっと妙な怖い話を……。私のいとこでノリコちゃんという人がいるんですが、北海道出身の秀才でね。40代のときにはもうデザイナーとして独立して、10人くらい人を使って、時々うちの母のところに「おばさん」って遊びに訪ねてきてたんです。今も元気な方なんですけど、美人で、おっとりしてて、どうして結婚しないのかなと思ってたんですけど、それ、実は猫なんですね。野良猫の面倒をみてるんですよ。

――　あらぁ。

はるよ　それで一度私、うちの姉と話してるのをちょっと聞いてたら、買い物に行ったとき、猫の缶詰とかキャットフードを買って重たい物を持って、裏通りに行くと、猫が手伝ってくれるから楽になるのよっていう話をしてるんですよ。

ノリコちゃん、頭がおかしくなったんかしらと私、思ってね、変な話してるなと思ったらね、ほんとに見えるって言うんですよ。面倒をみた死んだ猫がね、その荷物を持ち上げてくれてるって言うんですよ。

だから、変なことを言うなこの人と思っていると、近所に居酒屋さんがあって、そこに黒い猫がいて、とてもかわいがってたらしいんです。独身ですから、いつもそこで御飯食べる。で、暑気払いしてたら、1週間前に死んだその猫がそこにいたらしいって言うんですね。そんなばかな、またおかしなことを言ってると思って、私も、「そんなばかなことあるわけないでしょ」って言ったら、そしたらね、ノリコちゃんが、「私が見たんじゃなくて、『あら、先生、床の間のところにちゃんと座ってますよ、ミーちゃんが来て』って言うんです」って。みんな全員が見たって言うんですよ、その猫を。それで、「あらっ」と言ったらいなくなったと。「だから、私1人で見たわけじゃないんだから」って。

ほかの人も見てたんだと。

「みんなが見て、私はその人からミーちゃんが来てるって言われて見たんだ

――

はるよ

から、はるよちゃん、それはうそじゃないわ。ほんとなの」ってね。ものすごいけんまくで怒られちゃったんですけどね。だけど、やっぱり見える人には見えるんですかね。

――わかんない。

はるよ　私、ちょっと気持ち悪くなっちゃってね。

――あ、そうですか。

はるよ　だけど、ほんとにお休みの日は、お魚のアラとか何か買ってきてやわらかく煮て、それを大きな入れ物に入れて広場に持っていって食べさせてるんですよ。

――野良さんにですか。

はるよ　自分のお小遣いで全部去勢させて、子猫はもうオスもメスも全部生まれないように、それでずうっと面倒みています。彼女はもう80歳近いですよ。

――そうですか。

はるよ　結婚もしないで。

――うわあ。

はるよ　これ、猫の霊ですかね（笑）。

――どうなんでしょうかね。ねえ。

はるよ　私はまだ信じてないけど、本人はほんとにまだ見たって言うんです。

――見える人には見えるのかもわかんないですよね。

はるよ　こういう怖い話もあるんですよ（笑）。

作詞家の本橋夏蘭先生

——「動物日記」のコーナーでずうっと一緒にやってまいりましたが、今回は動物ではなくて人間さま（笑）。人間さまの話ですよね。

はるよ　かわいい女性のお話。

——かわいい人間さま。

はるよ　私と干支《えと》が同じ人です。

——あ、そうなんですか。大変かわいらしいキュートな女性。

はるよ　ええ。まだ小馬です。

——小馬ですか。

はるよ　小馬です。

——あ、ウマ年のね。

はるよ　そうなんです。
――あ、そうなんですか。作詞をやってらっしゃる方。
はるよ　はい、本橋先生ですね。
――本橋夏蘭先生、どうぞ～。
本　橋　はい。
――夏蘭って、夏のランの花の蘭、くさかんむりの。
本　橋　そうですね、はい。
――いいお名前ですね。
本　橋　ありがとうございます。
――そうですか。作詞のほうは、もうずっと長くやってらっしゃるんですか？
本　橋　そうですね、はい。
はるよ　もうずっと詞は書いてらして。
――あ、そうなんですか。
はるよ　ええ。たまたま私のライブを聴きに来てくれて、大谷先生も……。
――あ、大谷明裕先生。

はるよ　それで明裕先生と、いろいろとこの曲をつくってる最中だったんじゃないですか。ちらっと私にこれを見せたのが運の尽きで（笑）、「私、これ歌う」ということで、「歌わせて」ということになりました。

――　そうですか。本橋先生、はるよさんの歌を聴いて、何か感じることがありますか？　どういう感じがしましたか？

本　橋　そうですね、何度かよくライブを見せていただいて、ほんとに何か優しくて、何か気持ちがこちらも幸せになるようなお声をされていまして、はい。

はるよ　帰りに何かごちそうしましょう（笑）。

――　独特の雰囲気をお持ちですよね。

本　橋　そうですねえ、はい。

――　たくさんの歌い手さんがいますけども、今まではるよさんみたいな雰囲気の人はまずいない？

本　橋　そうですね、はい。

――　いなかったですね。

はるよ　はるよは歌います。

――ジャンル的にはいろんな歌を歌われるみたいな感じですけど。

本　橋　ええ。

――ねえ。芸歴、芸の深さ、幅、これはすごいですね、やっぱり。

本　橋　そうですね。

――底にあるんですね、それが。

本　橋　は〜い。

はるよ　ところが、もう先が短くなってきましたからね。

――えっ、何をおっしゃいますか（笑）。はるよさんのこの楽曲、頭に流れました。作詞をされましたですけども、この作詞は、何かテーマがあっておつくりになったんですか。

本　橋　そうですね、まず素直で優しい詞をということで、いちずに女性が男性を愛するという方をイメージしてできたのが、この「永遠《とわ》のひと」ですね。

はるよ　みんなこの詞を聴くと、男性も女性もこういう思いは初めあるんですよね。壊れる場合もあるけどね。

――壊れる場合も。

はるよ　あるかもしれない。でも、このロマンは、すごく大切なロマンだと思うんですね。
――　そうですよね。
はるよ　彼女は、そこをうまく……。
――　やってます。
はるよ　ええ、生きてますすね。
――　大変お若くていらっしゃるから、もっと年配の方かなと思ったんです、この作詞を見てね。
はるよ　いや、若く見えますけども……。
本　橋　いえいえ。
はるよ　もう15は過ぎてる。
――　何を言ってるんですか（笑）。ということで、そろそろお別れです。夏蘭先生、どうもありがとうございました。

大谷明裕先生と本橋夏蘭先生

（1）

――本橋夏蘭先生、それから、今回は大谷明裕先生も参加していただきました。作品のつながりかと思うんですけども、ウマ（午）、ウマ、ウマなんですって？

はるよ　そうなんです、私、一番ちっちゃい馬ね。

――あ、ちっちゃい馬。

はるよ　小馬です。

大　谷　私もウマ年です。

――あ、そうですか。それで……。

本　橋　ウマ年です。

――　それでウマくいくわけですよね、皆さん。ペガサスです。へえ〜。

はるよ　私はもう羽根が生えてますから、もうじき……。

――　飛ぶんですか。いやいや（笑）。大谷先生は、はるよさんの歌というのは、いかがですか？

大　谷　ええ、一度聴かせていただいて、最初はね、歌だけだったんです。聴かせてもらったのが。こういう歌を歌う人だと。でも、まだお会いしてなかったんで……。

――　お会いしてどうでしたか。

大　谷　お会いして、あっ、へえ〜っと。

はるよ　変なおばさん。

大　谷　いやいやいや。まず、雰囲気もやわらかい方でしょ。それから、声もやわらかいんでね、ああ、なるほどねって。最近、こういう歌手は会ってないなあと思うんです。

――　そうですよね。へえ〜。なるほどね。でも、いろんな話を聞くと、はるよさんの以前の話、歌い手でずうっと来られて、長い歴史をお持ちなんですけども、それが不思議でしようがないんです。

大　谷　僕も後からそれを聞かされましてね、言っていいの？　赤坂まりえさんて。あっ、そうなんだって。もう50前から歌ってらっしゃる方。

――ああ、そうなんだ。

大　谷　大先輩だったんです。

はるよ　いやいや。私もね、ちょうど有線で1位になって名古屋へ行きましたときに、「俺、明裕のファンなんだ」という人が出てきてね、それで「明裕さんて作曲家ですよ」って私、言ったら、「俺はちゃんと歌知ってんだ」って（笑）。

――たくさん作品がありますからね。

はるよ　お客さんにからまれましてね、「おまえは素人だからわかんない」って。

――逆に言われたの？

はるよ　その後、やっぱりステージを見せていただいて、聴かせていただいたら、すばらしい。ただ、絶対あれは伸びるんじゃないかなと思って、立ちっ放しでね。

大　谷　いやいやいやいや。

はるよ　すごい曲を歌われて。
大谷　シンガーソングライターとしてもやってますんでね。
——　そうですよね。夏蘭先生は、歌は歌わないんですか。
本橋　歌は歌いません。
——　詞を書くだけ？
本橋　はい。
——　詞を書いて人に歌わせてと。
本橋　はい。
——　そうですか。大谷先生のライブもね……。
はるよ　すばらしいですよ。やっぱりステージに立ってるときって、不思議に若く見えますね（笑）。私と一回りしか違わないのに、非常にお若く……。不思議なんですよね。やっぱり全部力が出ちゃうんですね。
——　そらそうですね。また違うからね、全然、ステージと。へえ～、そうですか。と言いながらもそろそろ時間でございますが、本橋夏蘭先生、それから大谷明裕先生、ありがとうございました。

(2)

――作詞の本橋夏蘭先生、それから作曲の大谷明裕先生、お二方に……。また、お三方でこのスタジオ内でいろんな話をお伺いしたいと思います。

本橋　よろしくお願いいたします。

――大谷明裕先生、名前が明裕という……。普通、アキヒロという……。

大谷　本名はアキヒロです。

――あ、そうですか。

大谷　でも、今はペンネームで、この業界では完全に「めいゆう」で統一させてもらってます。

――そうですよね。みんな、めいゆう先生、めいゆう先生と。

大谷　だから、みんな「めいゆうさん」と呼びます。

――そうですよね。要するに、じゃ、呼び名がそうだったから「めいゆう」に決めちゃおうと。初めから「めいゆう」ということでなかったわけですか。

大谷　それを「めいゆう」という呼び名にしろと言った先生がいらっしゃいまして、今もう亡くなったアレンジャーの池多孝春先生。僕の師匠が曽根幸明さんで、僕が入った当時に大活躍してらしたのが猪俣公章先生。みんな売れてるのは音読みだと。だから、おまえも音読みにしろ、なら売れると。

――ああ、それで。

大谷　で、うまくひっくり返りゃ、「ゆうめい」（有名）だと。

――「ゆうめい」（笑）。なるほど。そうですか。へえ〜。そういう池多孝春先生のアドバイスがあってということで。

大谷　そういうことで。

――業界では「めいゆう」で通るわけですね。

大谷　それでもうニックネームにしていただいてますね。

――そうですよね。

大谷　だから、自分で歌を歌うときには、大谷は漢字で、明裕を平仮名にして。

――平仮名にして。これは歌手名ですね。

大　谷　歌手名ですね。

――歌手名が平仮名で「めいゆう」。へぇ～、そうですか。

はるよ　なかなか覚えにくかったんですよ。

――そうでしょう。

はるよ　でも、こうやってお話聞けば、ああ、そうか、「ゆうめい」の逆なんだなと。ハハハハ。

――本橋先生が作詞、大谷先生が作曲されて「永遠《とわ》のひと」が生まれたんですね。曲のほうは、この詩を見ておつくりになられたんですか。

大　谷　はい。ちょっとキャッチボールしましたけどね。

――あ、なるほど。

大　谷　最初に原詞をもらって、それに曲つけて、もう一度詞と曲を練り合わせてと。だから、詞を見たときに、もうすごく優しくてあったかい詞なんで、やっぱりどれほど優しく語れるかということがこの詞かなと思って。

――そうですよね。

大　谷　それをまたはるよさんが上手に語ってるんですね。

はるよ　ありがとうございます。

――そう。テンポがゆったりです。

大　谷　そうです。

はるよ　あのゆったりというのは、歌うの難しいんですよね。

大　谷　16分音符って細かいね、だから一拍の中に言葉が4つ入るという。

――タタタタっと。

大　谷　うん。タタタタ、タタタタ。これが早いと何を言ってるかわかんなくなる。だから、それを、ゆったり言葉をつかまえていく。それをはるよさんが非常に上手にやってらっしゃるんで。

――さすがですよね。

大　谷　はい。

はるよ　いえいえ、もう。

大　谷　ついつい語りになると、語尾がぽんと置いちゃったり消えたりするんだけど、きちっと語尾の母音を生かせている。それがね、あ、うまいもんだなと思って。

――以前、童謡をやってらっしゃったという話があったものだから、その影響もあるのかなと思ったんですけどもね。へぇ〜、そんな感じで、この「永遠のひと」ができ上がったというわけですよね。

はるよ　曲と詞がいいから。

——あ、なるほど。歌もよろしかったですよ。

大　谷　ほんとに詞がいいんですよ。

——たしかに。

(3)

——前回に引き続き、作詞の本橋夏蘭先生、それから作曲の大谷明裕先生にいろんなお話を伺っておりますけども、作家と、歌手もそうですが、個性といいますか、キャラクターといいますか、その先生の何か特徴的なメロディーがそこに流れるものというのはありますよね。

はるよ　絶対ありますね。

――　そう、色がありますね。

はるよ　それで、先生のステージも見せていただいて、作曲なさった曲も聴かせてもらうと、やっぱりにおい、結構強いんですよね。

大　谷　そうですか。

はるよ　そういう意味では、受け入れやすいにおいがすごくあるということで……。

大　谷　そうでしょうね。

はるよ　これからもどんどん活躍していただいて。

――　もちろんそうですよね。

はるよ　やっぱり歌いやすい、みんなが口ずさめる曲なんですよね。

――　先ほど伺ったら、何かフォークが……。

大　谷　ええ、もともと、大学時代はカントリーをやって、それからその後、フォークやってましたね。

はるよ　だから、親しみやすいんですね。

――　そうでしょうね。
大　谷　共通してるのは、やっぱり言葉ですよね。言葉がどう伝わるかということが大事だと思うんで。
――　そうですよね。
大　谷　だから、やっぱり詞が大事なんですね。
――　そうでしょうね。
はるよ　本橋先生みたいな詞を書く人はあまりいない。
――　夏蘭先生はね……。
はるよ　そんなこと言ったら怒られちゃうけど、そういうきれいな詞は、みんなが喜ぶ詞だから、爪の跡をつけたいとか、何とかというかいろんな詞もいいでしょうけども、それよりやっぱり女は母性愛があって……。
大　谷　ありますよね。
はるよ　男を見守るというところが、男性が一番求めるところなんで、優しさですよね。だから、そういう意味で、そうするとやっぱり優しい曲が……。
大　谷　そうですね。言葉を届けるというのが一番大事な仕事だと思ってるんで。

はるよ　いいですね。その言葉はすばらしいと思います。

大　谷　だから、この「永遠のひと」であれば「背中に翼があったなら」と、「なら」って、これがすごく大事だったたです。

――　頭からね。そうですよね。

はるよ　今、いろいろ歌ってくれてます、みんなが。ハハハハ。衣装着て。

――　この詞も頭から、「翼があったなら」という1つのテーマを先生が考えて、そこから入ってくるでしょう。

本　橋　ええ、はい、そうですね。

――　ねえ。だから聴いててわかりますもんね、それが。

はるよ　きっと私のペガサスの背中が見えたんじゃないんですか（笑）。

――　羽根が生えたように見えたのかな（笑）。

大　谷　本橋さん、角が生えてる（笑）。

――　いやいやいやいや。

はるよ　これからよ、育つのは（笑）。

――　大変ですね。

大　谷　本橋さんは、ほんとに今、若手の作詞家としてこれから期待されてる人なんで。

――　そうですね。

はるよ　バリバリだよね。

――　すばらしい人なんで、期待してますので、頑張っていただければと思いますけどもね。大谷先生は、バンバンもう第一線で走ってらっしゃいますから。

大　谷　でも、まだ若手と言われている（笑）。

――　あ、そうですか。まだ若手ですか。今回は、作詞、作曲お二方でいろんな話を伺えたんですけど、時間が長ければもっと伺いたいんですけど、何しろ短い時間で大変申しわけないです。また、機会がありましたらね、ぜひひとつ。

はるよ　私も楽しみにしてます、お2人の来られるのを。

――　本橋夏蘭さん、それから大谷明裕さん、ありがとうございました。

大谷・本橋　ありがとうございました。

はるよ　ありがとうございました。

――　そろそろお別れです。お相手は。

はるよ　はるよでした。

あとがき

いかがでしたでしょうか？　動物に助けられている私の人生は、多分おかしいと思われる方もいらっしゃると思いますが……。
今いる二匹も眼を閉じるまで見てやりたいと思っておりますが、寿命、天命が尽きるまで頑張りたいと思います。

この本の制作にあたり、女優の雪代敬子さんにたいへんお世話になりました。また、素晴らしい絵を提供して作品を盛り上げてくださった鎌倉麻衣さん、竹林館の左子真由美さんに深く感謝いたします。

長谷川治代

長谷川治代・歌手 Haruyo

長谷川 治代（はせがわ はるよ）

東京都出身。5歳でコロムビア童謡歌手としてデビュー。クラウンレコードに移籍後、日本調歌手として10枚以上のレコードをリリース。森繁久弥の社長シリーズに準レギュラー出演。

岩手の温泉で経営者兼女将として実業方面に進出。昭和62年、日の丸警備保障㈱代表取締役に就任。

平成11年11月「吉野伝説」（ビクターエンタテインメント）をリリース。坂東流名取「坂東扇之丞」のほか、常磐津、演歌からシャンソンまで幅広い活動を続けている。

現在、会社経営、歌手・アーティスト、作詞・作曲、音楽事務所代表、プロデューサーなどをこなすスーパーレディ。

著書 『我輩はトイプードル犬「ボス」である』
　　　17才9ヶ月の生涯（2012年　音羽出版）

*

イラスト かまくら まい（鎌倉 麻衣）

1987年、徳島県生まれ。大阪芸術大学附属大阪美術専門学校卒。

〔受賞歴〕2004年：大気汚染防止ポスター・環境大臣賞（全国1位）、2005年：山火事予防ポスター・文部科学大臣奨励賞（全国2位）ほか受賞多数。

〔著作〕2014年、童話『キリンにのって』／『学校ドロをつかまえろ』〈日本図書館協会選定図書〉絵（竹林館）。2015年、絵本『にゃんこの魂』絵（竹林館）。2017年、絵本『うまれておいでよ』（竹林館）。

はるよの「動物日記」

2019年10月20日 第1刷発行
著　者 長谷川治代
発行人 左子真由美
発行所 ㈱ 竹林館
〒530-0044 大阪市北区東天満 2-9-4 千代田ビル東館7階 FG
Tel 06-4801-6111 Fax 06-4801-6112
郵便振替 00980-9-44593 URL http://www.chikurinkan.co.jp
印刷・製本 モリモト印刷株式会社
〒162-0813 東京都新宿区東五軒町 3-19

ISBN978-4-86000-414-9 C0095